監修者――五味文彦／佐藤信／高埜利彦／宮地正人／吉田伸之

［カバー表写真］
里山の田園風景
（国東半島田染小崎地区の水田）

［カバー裏写真］
里山を飛ぶホタル
（大分県豊後大野市）

［扉写真］
熊野磨崖仏
（大分県豊後高田市）

日本史リブレット23

環境歴史学とはなにか

Iinuma Kenji
飯沼賢司

目次

●――屋久島の杉の大木　屋久島の杉の森は「もののけ姫」に描かれる森のイメージの基になったといわれる。屋久島の自然は長いことヒトを近づけなかった。屋久島は岩の島で土が少なく、人が耕した耕地も一晩の大雨で土が流されてしまう。そのような厳しい自然のなかで杉の大木の森が形成された。

環境の世紀

二十世紀、とくにその後半の経済や技術優先の発展は、自然への破壊をもたらし、それは、予想もできない大規模な自然災害、動物を発生源とするサーズ、鳥インフルエンザなどの病気、化学物質による環境汚染など、人間社会へさまざまな危機をもたらした。

二十世紀終りに上映された宮崎駿《はやお》のアニメーション映画「もののけ姫」は、まさに、人と自然の関係はいかにあるべきかという現代的問題を歴史世界のなかで描いた作品である。かつて、神獣シシ神の首をめぐる人間ともののけたちの争いがあった。もののけによって森で育てられたサンは森の自然を破壊する人間を憎み、森を破壊して鉄を生産するタタラ場の人びとを襲撃した。生きていくために、ささやかな幸せを実現するために、生産を続けるタタラ場の人びとはエボシという女性頭領《とうりょう》に率いられ、これを迎え撃つ。北のエミシの国からやってきたアシタカはこの悲しい「生きる」ための争いをなんとかとめようとするが、人間のあくなき欲望がそれをなかなか赦《ゆる》さない。人は自然と人間世界の挟間でいかにして「生きる」べきであろうか。

このような、人間と自然の戦いは、人類最古の叙事詩《じょじし》『ギルガメシュ』▲のテーマでもあった。シュメール▲のウルクの王ギルガメシュは「人間はいままで長いあいだ自然の奴隷《どれい》であった。この自然の奴隷の状態から人間を解放しなければならない」と考え、無二の友人となった野人エンキドゥとともに、森の神フンババを退治にでかける。

美しい森を前に、ギルガメシュらは一瞬躊躇《とまど》うが、ウルクの職人につくらせた人類最強の武器、銅の斧でフンババと戦い、ついに森を征服する。しかし、神々の怒りをかい、ともに戦ったエンキドゥは病に倒れ、死をあたえられる。

エンキドゥの死によってギルガメシュは死を恐れ、永遠の「生命《いのち》」を求めて彷徨《さまよ》うことになる。やがて、すべての生命を飲み込んだ大洪水を生き延びて不

▼**叙事詩『ギルガメシュ』**　約紀元前三〇〇〇年に成立した世界最古の叙事詩といわれる。楔形《くさびがた》文字で書かれたシュメール時代の断簡《だんかん》が残され、アッカド人によってまとめられた粘土板《ねんどばん》が現存する。

▼**シュメール**　民族系統は不明。紀元前二七〇〇年ごろにはティグリス・ユーフラテス両川にウル・ウルクなどの数多くの都市国家を築いた民族。優勢な都市国家の支配層には莫大な富が集まり、壮大な神殿《しんでん》や宮殿《きゅうでん》・王墓《おうぼ》がつくられ、豪華なシュメール文化が栄えた。しかし、絶え間ない戦争により都市国家は衰え、紀元前二十四世紀にセム系のアッカド人によって征服された。彼らが使用していた楔形文字は以後のオリエント諸王朝にも継承・使用されており、復讐法で有名なハムラビ法典(前十八世紀ごろ)も楔形文字で記載された。

死をえたというウトナピシュティムに出会い、不死の秘密を聞きだそうとするが、それはかなわなかった。しかし、ウトナピシュティムの妻の同情から、深い海中にある「若返りの草」の存在を教えられる。これを手にいれ、帰る途中、草は蛇に食べられ、ギルガメシュはなにもえられずにウルクへ戻る。物語はウルクに戻るところで終り、結論がみえないが、そこにはヒトは自然(神々)の意志を超えることはできないというメッセージがある。

人類の文明はメソポタミアに始まった。自然を排除して、ヒトは人間だけが住む都市という世界を生み出し、都市化されたものこそが文明であった。これまでの歴史学は人間の社会のみに光をあてる文明史であった。そこには『ギルガメシュ』の教訓は長いあいだ活かされることはなかった。

しかし、二十世紀の終りごろから、文明と自然との関係を見直すことが人類の大きな命題となってきた。一九九六(平成八)年にだされた梅原猛・伊東俊太郎・安田喜憲編『講座 文明と環境』は人類の進歩史観を問いなおす企画であった。歴史学もこのような世の中の動きのなかで環境論をいかに組み込むかが課題となってきた。一九九〇年代後半にはいり、「環境史」や「環境歴史学」と呼ば

●——ウルク遺跡　『ギルガメシュ』の舞台となったウルクは日本の自衛隊が駐屯したサマワから北東に六〇キロのところにある。今、人類の教訓の遺跡は戦乱のなかで破壊の危機に瀕している。

れる歴史方法論が提起されるようになる。別府大学を皮切りに、このような動きを受けて、いくつかの大学で環境歴史学という講座が開設された。私は「環境歴史学序説」において、環境歴史学を提唱し、「ヒトと自然の距離を測る歴史学」と規定したが、この学問の概論・入門書はいまだに存在していない。

しかし、環境歴史学という言葉は最近書物などにも使用され、一人歩きを始めており、提唱した本人としてもその概要を示す必要に迫られている。二〇〇二(平成十四)年の正月、橋本正良編著の『環境歴史学の視座』という本が発刊された。論文ではなく、本としてはじめて「環境歴史学」をタイトルとするものである。橋本は古代史の研究者で天皇制や仏教関係の研究を行ってきた人物と知っていたが、この方面での氏の仕事を私が十分には把握していなかったこともあり、正直いって「環境歴史学」という言葉を使った本の突然の登場に驚いた。いかなる内容の本であろうか。本を読み進めるうちに、問題意識を共通にする人がすでに多く存在することを改めて認識した。本書は、そのような環境歴史学の概説書として企画した。まだまだ手探りのことも多いが、その試行錯誤の過程も含めて論じてみた。

①―新しい歴史学としての環境歴史学

20世紀末の歴史学の変貌と環境歴史学の登場

環境歴史学にはまず歴史学としての側面と文化財学としての側面があるが、最初に、歴史学の一領域としての環境歴史学の位置について述べておきたい。

環境歴史学を生み出す基礎となった荘園《しょうえん》村落遺跡▲調査が、自然環境の変動との関係を強く認識するようになったのは、地理学者高橋学の研究が登場してからである。高橋は一九九三(平成五)年十一月、日本史研究会の大会において、「古代以降における地形環境の変貌と土地開発」という報告を行い、自然環境の変化が人間の開発と密接に関係していることを明らかにして、歴史学会に衝撃をあたえた。これ以後、気候変動と歴史事象との関係を問題とする西谷地晴美・磯貝富士男・田村憲美・峰岸純夫らの研究が登場してくる。

このような流れは、一九九五(平成七)年の国立歴史民俗博物館(歴博)の共同研究「日本歴史における災害と開発」を開始させる。翌年の一九九六(平成八)年二月にだされた『歴博』七五号は、「特集　農耕社会と環境」をくみ、このプロジ

▼荘園村落遺跡　七七ページ以下参照。

ェクトの責任者平川南が「環境と歴史学」、辻誠一郎が「人と自然の交渉史(かかわり史)」、深谷克己が「近世の開発と農村景観」について問題提起を行い、人と自然の交流を歴史学のテーマとして取り上げる意義を説いている。

一方、国東半島《くにさき》で進められていた荘園村落遺跡調査に一九九四(平成六)年ごろから高橋学が参加するようになった。高橋は地形環境を探るトレンチの設定を提案し、人間の開発と自然環境の変化の関係を問題にする視点が荘園村落遺跡調査のなかにも本格的に導入された。すでに、一九九一(平成三)年、大分県立宇佐風土記《うさふどき》の丘《おか》歴史民俗資料館(現、大分県立歴史博物館)が企画した「中世のムラと現代」というシンポジウムでは、歴史学と景観との関係が問題とされ、人間と自然の関係について考える視点が明確化されていた(石井進編『中世のムラ――景観は語りかける』一九九五年三月)。しかし、これは村落の復原と景観というレベルであり、自然環境の変化と開発という動的なヒトと自然の関係史にはいたっていなかった。

一九九五年、東京大学史学会のシンポジウム「土地と在地の世界をさぐる――古代から中世へ――」において、私は「荘園村落遺跡調査と開発史――国東半島の

『山』『里』の開発」という報告を行い、ここで環境論を含めた新しい開発史を提起し、これが環境歴史学へと展開していったのである。

近年、琵琶湖《びわこ》周辺の自然環境とヒトとの関係史を積極的に調査・研究している水野章二が、同じ一九九五年にだされた『中世史研究辞典』の特論において、「中世史研究における現地調査」という項目を執筆し、そこでヒトと自然の関わりを含み込んだ歴史学の必要性を提起した。また、地名から中世の開発と景観の検討を進めてきた服部英雄が『景観にさぐる中世』という大著を上梓したのもこの年の十一月であった。

このように、歴博の共同研究「日本歴史における災害と開発」が始まった一九九五年は、歴史と環境、人間と自然の交流史の研究が本格的に開始された年として、たいへん意義深い年であった。それから八年という歳月のなかで、『民衆史研究』における二度の環境史の特集(高木徳郎企画)、文化財の視点からヒトと環境の関係を追究した『ヒトと環境と文化遺産――21世紀に何を伝えるか』(網野善彦・後藤宗俊・飯沼賢司編、二〇〇〇年)、水野章二『日本中世の村落と荘園制』(二〇〇〇年)、峰岸純夫『中世災害・戦乱の社会史』(二〇〇一年)、義江彰夫『歴史学の視座―社会史・比較史・対自然関係史』(二〇〇二年)など自然と人間の関係史の成果が続々とだされ、この分野の研究は確実に進んできたことを実感している。そして、二〇〇二(平成十四)年、一九九五年以来の国立歴史民俗博物館の研究成果を盛り込んだ報告書「日本歴史における災害と開発Ⅰ」がだされた。

この報告書は、研究フィールドとして、長野オリンピックによって開発が進み、総合的調査が行われた長野県の善光寺平《ぜんこうじだいら》が選定された。ここは、一九六一(昭和三十六)年から三年間、東京大学の寶月圭吾を団長とした更埴《こうしょく》市条里遺《じょうりい》構《こう》調査会が埋没条里遺構の総合的な調査を行った場所であり、この調査の成果は、のちに、『地下に発見された更埴市条里遺跡の研究』(一九六八年)という形で報告書が作成され、画期的な学際的地域総合研究として大きな影響を残した。

更埴条里の研究は、その後の条里制▲研究に指針を示すだけではなく、一九七八(昭和五十三)年の信濃史学会を中心とする地方史研究全国大会の「圃場《ほじょう》整備事業に対する宣言▲」を登場させる背景であり、七〇年代末に登場する広域水田遺跡概念もこの寶月らの仕事のうえに提唱された。さらに、その流れは、一九八一(昭和五十六)年からの大分県国東半島の調査で確立する荘園村落遺跡の概

▶**条里制**　八世紀代に成立した条里呼称法と条里地割からなる土地管理システム。一般的には面積一町(約一〇九メートル四方)の坊《ぼう》積(坪)を三六集めて里《り》とし、それに一～三六の坪番号を付し耕地の位置を示した。

▶**「圃場整備事業に対する宣言」**　地方史研究全国大会代表者の一志茂樹の名により、耕地の微地形・地味・地目と地番・道路・用水堰・地字・埋蔵文化財等々に対する事前調査の徹底や調査記録の保存・調査予算の確保・地図や地籍図等の保存の法制化などを政府に要望している。七五ページ参照。

念を登場させる。

二十世紀の最後の七、八年に、すでに述べてきたように災害に象徴される自然から人間への働きかけと、人間から自然に向かう開発との関係を問題にする歴史学の大きな潮流が登場した。ここに提唱する環境歴史学もそのような時代の産物であるが、他の環境史などと異なるのは、それまでの開発史研究の発展のうえに位置づけられており、気候変動や災害が歴史を一方的に規定する自然環境決定論ではない点である。それでは、「環境歴史学」とはいかなる方法論と内容をもつ学問かを明らかにしていこう。

環境歴史学の基礎となる現地調査

一九八一(昭和五十六)年の国東半島の田染《たしぶ》地区(大分県豊後《ぶんご》高田《たかだ》市)の調査に始まり、都甲《とごう》地区(豊後高田市)、香々地《かかじ》地区(豊後高田市)、安岐《あき》地区(国東市)と続けられてきた国東半島荘園村落遺跡詳細分布調査では、水田・村落の景観を遺跡としてとらえ、地図を考古学の遺構図面としてとらえ、そこに調査によってえたさまざまな情報を描き込むことによって、圃場整備で失われる広域水田遺跡、さらに村落遺跡の記録保存をめざした。

地図は、既存の地図を利用する場合と、あらたに地図を作成する場合がある。後者では、大がかりなものとしては、航空測量による地形図の作成、さらに局地的には、平板測量で寺跡や墓所などの図面作成があり、考古学でいう遺物にあたるものの写真や測量図面を作成した。とくに国東に多い石造物《せきぞうぶつ》については図面作成を重視した。

基本となる地形図の入手・作成、および現地調査法をまとめると、つぎのようになる（『豊後国田染荘の調査』一九八六・八七年）。

地形図の入手および作成

調査対象地域の五〇〇〇分の一の地形図、一〇〇〇分の一の地形図を入手する。五〇〇〇分の一の地形図は森林基本図または自治体で作成した地図があるが、森林基本図では水田畦畔《けいはん》が記入されていないので、航空測量などによって水田畦畔を記入する必要がある。一〇〇〇分の一の地形図は圃場《ほじょう》整備によって作成されるが、国東半島荘園村落遺跡詳細分布調査では、航空測量によって、調査重点地域の一〇〇〇分の一の地形図（水田区分平面図）を作成した。

▼**水路灌漑・田越し灌漑**　用水路を使い田に水を引く方法を水路灌漑といい、水田の畦《あぜ》を切ってとなりの水田へ水を引くことを田越し灌漑とか田通《たどお》しとかいう。

一〇〇〇分の一の水田区分平面図は水田のみを対象としたものではなく、集落部分や山などの屋敷や畠や山城《やまじろ》などの遺構も記入する。水田面は機械読みで田高表示は〇・一メートル単位とするが、それ以外では等高線は一メートルを単位とする。山林については、樹木に阻まれ航空測量が無力となるため、図化対象地域の遺構を綿密に調査し、現地で実地測量を実施し、修正を行う必要がある。これらの図面は考古学でいう遺構図面の基礎部分になる。

現地調査

A　灌漑《かんがい》・埋蔵文化財調査

五〇〇〇分の一の地形図で大字単位の灌漑概況を把握し、一〇〇〇分の一の水田区分平面図には、用水の配分形態・水がかりの範囲を記入し、水田ごとの取水口を明示し、水路灌漑・田越し灌漑▲の違いを明らかにする。さらに、耕土(耕作土壌)が砂地であるか、乾田《かんでん》・湿田《しつでん》・強湿田《きょうしつでん》▲であるかを記入する。

B　地籍図《ちせきず》・地名調査

［地籍図調査］　五〇〇〇分の一の地形図に「明治の地籍図▲」の小字界と小字名を記入する。

▼**乾田・湿田・強湿田**　水田の水はけの良さの程度によって、乾田・湿田・強湿田に分けられる。乾田と湿田はかつては、裏作に麦をつくれるか(乾田)、つくれないか(湿田)の区分で分けられた。強湿田は、深田やドブ田などと呼ばれ、牛馬や人が深く沈むほどの湿田であった。

▼**「明治の地籍図」**　地籍図とは、地番や土地利用の区分などを記載した地図をいう。明治期には、まず地租改正《ちそかいせい》によって全国的土地調査が行われ、「地租改正絵図」が作成された。その後、今日の字図の原本となった図が平板測量によって一八八三(明治十六)年から八九(同二十二)年にかけて作成された。ここではこの図を「明治の地籍図」と呼ぶ。

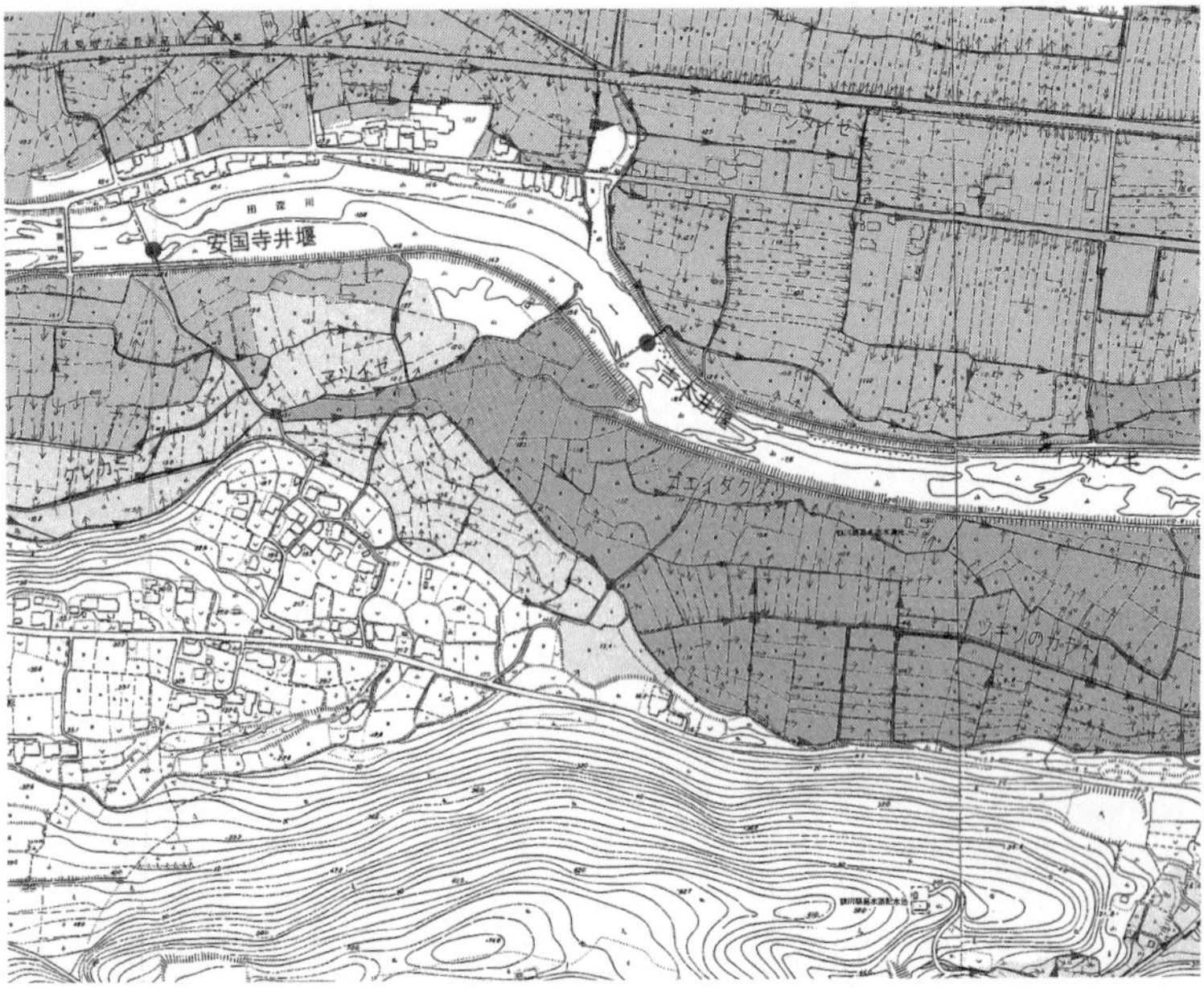

●—国東半島，田深川流域の灌漑図(国東町教育委員会編『原遺跡七郎丸1地区・口寺田遺跡』より)

●—国東半島，田深川流域の字界図(国東町教育委員会編『原遺跡七郎丸1地区・口寺田遺跡』より)　(　)内はシコナと呼ばれる小地名，または通称。

一〇〇〇分の一の地形図または五〇〇〇分の一の地形図に「明治の地籍図」の水田・畑・山林・宅地などの地目を色分けする。

［地名調査］　自治体地名と大字のあいだにある地名、大字と小字の中間にある地名、小字のなかにある地名（シコナ・屋号《やごう》▲）の地名情報を収取する。以上の情報は地籍図で地番を確認し、その範囲を確定するが、山などはむずかしい場合も多い。聞き取った地名は、一〇〇〇分の一の地形図または五〇〇〇分の一の地形図に記入する。

C　信仰遺跡調査A

［寺院・堂宇調査］　仏像や位牌《いはい》などの遺物の調査とともに堂や石造物の配置などの遺構図を作成する。

D　信仰遺跡調査B

一地域の信仰単位は実に多様である。家の屋敷神《やしきがみ》▲の単位から旧自治体の単位、それを超えるものまで重層化されている。これらを民俗学的聞取り手法や歴史学的記録調査によって調査するのがこの調査である。

E　文献資料調査

▼**シコナ・屋号**　シコナとは大字・字の行政地名のもとに埋没した通称地名。江戸時代以来の小名と呼ばれる小地名が明治期の字図の作成によって、字に整理・統合されたのちも現地で使用されて生きてきたものをいう。屋号は家の呼称であり、これも行政上登録されたものではないが、ムラのなかで機能する通称の一つである。

▼**屋敷神**　屋敷の一区画にまつられる神。ウチガミ・地神《じがみ》・荒神《こうじん》などと呼ばれ、土地の開発先祖や祖霊などをまつる。

調査地域にかかる史料の確認、中世や近世や近・現代の文書の所在調査、目録作成、活字化の作業。

F　保存調査

A〜Eまでは、田染調査によって確立した調査法であるが、第二次調査の都甲地区の調査では、石造物や仏像などの遺物や遺跡の現状を詳細に把握し、保存への提言を行うことにした。また、遺跡・遺物・景観などの保存への住民の関心を高めるための活動や保存の主体となる現地の組織の把握、そこへの保存の働きかけ、行政への働きかけを行った。これが、のちに田染荘の景観保存へとつながっていく。

このように、荘園村落遺跡調査は、さまざまな調査法を駆使した総合調査であり、たいへん高度な記録調査となった。調査を完全に実現するためには、年間数百万の資金と調査能力をもつ各分野のスタッフが欠かせないため、誰もが行える調査とはいえなかった。

実際、私が一九九三(平成五)年に別府大学に移ってからは、上記のタイプの荘園村落遺跡調査は不可能となった。最初に国東町教育委員会から依頼された田深川《たぶかがわ》流域の圃場整備にともなう調査も、その後依頼された安心院《あじむ》盆地の圃場整備の調査、八坂川《やさかがわ》流域の河道付替え工事にともなう調査なども発掘調査の一部の調査費を割いて実施されたものであった。また、二〇〇一（平成十三）年から実施した文部科学省科学研究費による大分県直入郡（現、竹田市）・大野郡域（現、豊後大野市・臼杵市）の調査、福岡県星野村教育委員会から依頼された棚田の調査も調査費は少なかった。そのため、資金と時間とスタッフにめぐまれた国東半島荘園村落遺跡調査と同じ調査法を実施することはとうていできなかった。

そこで、私は、Ａの灌漑調査、Ｂの地籍図・地名調査、Ｅの文献資料調査を現地調査の基本にすえ、可能なかぎりの信仰調査を実施し、安価な費用で、かつ高度な知識と訓練をへていない学生たちでも可能な調査を行った。これが環境歴史学の基本となる現地調査である。

また、このような調査で蒐集されたデータはその情報の豊富さと細かさ、また領域を超えた史料の多様性のために、歴史の史料として簡単に使用することが困難であった。事実、田染荘以来、国東半島で行われた調査、兵庫県での大《おお》山《やま》荘▲・鵤《いかるが》荘▲・大部《おおべ》荘▲、広島県の大田《おおた》荘▲、大阪の日根《ひね》荘▲、和歌山の荘園などの

▼**大山荘**　兵庫県丹波篠山《たんばささやま》市にあった東寺《とうじ》領の荘園。

▼**鵤荘**　兵庫県揖保《いぼ》郡太子《たいし》町にあった法隆寺《ほうりゅうじ》領の荘園。

▼**大部荘**　兵庫県小野《おの》市にあった東大寺領の荘園。

▼**大田荘**　広島県世羅《せら》郡世羅町にあった高野山《こうやさん》領の荘園。

▼**日根荘**　大阪府泉佐野《いずみさの》市にあった九条《くじょう》家《け》領の荘園。

詳細な荘園村落遺跡調査はその成果を歴史学ではまだ十分にいかしているかというと、それは否といわざるをえない。

これまでの歴史学の枠組みのなかでは、灌漑調査の資料、地名などの資料は十分にいかせる方法論が存在していなかった。しかし、一九八〇年代終りから九〇年代にはいり、地名については、服部英雄らの調査と考察によってそのいかし方がしだいに確立されてきた。また、灌漑調査についても、長野県の小穴喜一は半世紀以上におよぶ水路の調査・耕土の調査から、地域の開発の歴史を明らかにしようとした『土と水から歴史を探る』を一九八七(昭和六十二)年に上梓し、その後、各地で、荘園村落遺跡調査にかかわってきた海老澤衷・水野章二・小林基伸・小山靖憲・飯沼賢司・高木徳郎・海津一朗・春田直紀・橋本道範らの中世村落の新しい研究成果がでてきた。

すでに述べたように、このようななかで、一九九三年の日本史研究会における高橋学の研究は、二つの面で大きな衝撃となった。一つは、考古学に対して、人間の営みとしての遺跡だけではなく、地形を掘り、地形環境の変化を探る考古学の必要性を明示したこと、もう一つは、歴史学に対して、人間の開発と地形環境の変化は密接に関係していることを明示したことである。このことによって、荘園村落遺跡調査も遡及的な過去の村落の復原を行うというだけではなく、自然環境の変化と開発史の関係を組み込んだ村落史の提示を迫られた。これが環境歴史学を登場させる要因の一つとなった。

環境歴史学の方法論

従来の歴史学は、人間が形成した社会の歴史であり、人間社会の外にある現象や人間以外の事物に対して、ほとんど関心を示すことはなかった。しかし、これまで述べてきたように、われわれは人間社会の外にあると考えてきた自然環境を問題にしないと本当の歴史学を語ることができないことを認識し始めている。

環境歴史学は自然と人間の関係を意識化した歴史学である。従来の開発史も人間の開発というヒトから自然への働きかけに焦点をあててきたが、環境歴史学は、ヒトから自然への働きかけだけではなく、自然から人間に働きかけられる災害などのファクターをも問題にするのである。

そのうえで、自然と人間の関係の変化、すなわち自然とヒトの距離が時代のなかでどのように変化してきたのか、その距離の変化はその時代の人間社会にいかなる意味をもたらしたのかを考察するのである。距離は、両者の関係のバロメーターであり、それはさまざまな事象や事物をとおしてそれをはかることができる。事象はいわゆる史料のなかにあり、そこからわれわれは自然とヒトの距離や関係を読み解くわけである。

近年、歴史の史料は実に豊富になった。歴史が基本とする文字史料だけではなく、絵画史料・地理学的史料・考古史料・自然科学的史料までさまざまな領域の史料が駆使されることになった。これは歴史学の可能性を拡大することになり、新しい歴史像を人びとに提供できる可能性を拡大させている。しかも、環境歴史学は人間世界の外側にある自然をも史料として組み込まなければそれを描くことができないわけであるから、従来の歴史資料の範疇《はんちゅう》にはおさまらない史料を積極的に使用することになる。

当然のことながら、このことは、それぞれの領域が独自にあるいは独占的に扱ってきた材料・資料を他領域の学問がその研究材料として扱うことを意味する。そして、このような方向は、まったく新しい発想でその材料を解釈する方法を発見する可能性があると同時に、材料や資料に関する十分な知識や解釈能力がないまま独善的な解釈がなされる危険性をも含むのである。

もちろん、このような史料の拡大は、われわれに必然的に広い研究上の知識を求めてくることになるが、研究者が二足のわらじを履くことはなかなかむずかしい。そこで、これまでもテーマごとに共同研究を行ってきたのであるが、共同研究は、相互に不足する部分を補完しあうことが第一で、たがいの領域に踏み込んで総合的な議論が行われることは少なかった。ところが、近年、領域を超えた学際的テーマで研究が行われるばかりでなく、歴史学が他領域で使われてきた史料や方法論を取り入れたり、他の領域が歴史学のなかに進出したりするような研究が確実にふえ、それぞれの領域の研究の活性化を促進してきている。

荘園村落遺跡調査はすでに説明したように、領域を超えた総合調査である。考古学・歴史学・美術史学・民俗学・地理学・保存科学などの研究者が村落遺跡を総合的に調査する単なる共同調査だけではなく、それぞれは史料や方法論などを相互に共有し、それぞれが導きだした結論をたがいに検討し、それを総合化し村落の復原を行おうとする調査である。

しかし、多様な学問を簡単に総合化し、そこから像を組み立てることは不可能である。環境歴史学は荘園村落調査法を基礎においているが、あくまでも歴史学の立場に立脚し、そこから人間と自然の関係を意識化して従来の歴史学を組み立てなおしているのである。

その際、環境歴史学は文字史料という従来の歴史学の基本史料に加えて、灌漑調査や地名調査や信仰調査でえた新しい史料を手にいれたのである。とくに伝統的水田を遺跡として認識し、それを記録化する灌漑調査は、荘園村落遺跡調査の根幹をなす調査であるが、歴史学はもとより、地理学の調査や考古学の調査でもほとんど行われてこなかった新しい調査方法であり、自然と人間が格闘し、調和し作り上げてきた水田という耕地の代表の歴史を明らかにするのにもっとも有効な史料となる可能性を秘めている。それではこのような環境歴史学の方法論に乗って、多様な史料から歴史を組み立てる作業を行ってみることにしよう。

②―環境歴史学による新しい歴史像

水利灌漑史料から歴史を読む

私は一九九三(平成五)年に国東町《くにさきまち》教育委員会から大分県国東半島の東部、田《た》深《ぶか》川流域の遺跡に関連し、荘園《しょうえん》村落遺跡調査を依頼され、数年にわたって調査を実施した。とくに、田深川の南に位置する原《はら》遺跡七郎丸《しちろうまる》地区の調査では、地理学者高橋学や考古学研究者らと連携しながら調査を実施する機会をえた。ここでの経験は、のちの自然と人間の開発の関係を強く意識した環境歴史学の研究手法を生み出すことになった。そこで、他の機会にも、この原遺跡七郎丸地区の事例を紹介しているが、水利灌漑《かんがい》史料からどのように歴史を読み解くことができるのかという点ではたいへん好例と思われるので、屋上屋を架すことになるが、環境歴史学実践の第一の事例として扱いたい。

七郎丸地区は、田深川と赤松《あかまつ》川の合流地点の南側に位置し、この地区は通称山吹《やまぶき》地区といわれ、下流に位置する原地区の水田へ水をかける取入れ口に位置する。山吹地区の西、七郎丸地区の西の端には、初《そめ》八《や》坂社《さかしゃ》と呼ばれる国東半島

●──原遺跡七郎丸地区で発掘された水路跡

▼**完新世段丘**　約一万年前から現在にいたるあいだに河川氾濫などによって形成された階段状の地形。

最古の八坂社が存在している。この調査区のB区では、三段階の水路・井戸・墓、古代から中世の住居跡が検出された。七郎丸地区は、北側に小さな二メートルほどの崖《がけ》を形成し、その上に微高地《びこうち》を形成している。この微高地の小さな崖面に接して上の写真のような水路と思われる溝が検出された。

この地区の水路は、現況の水路を含めると大まかに四段階の変遷が確認される。第一・第二段階は、高橋によれば、完新世段丘《かんしんせいだんきゅう》▲Ⅱ面が段丘化する前の地下水位が高く取水が容易であった段階の水路。この段階の灌漑システムは気候変動にともなう変化によって、完新世段丘Ⅱ面の形成が始まると、土地の高燥化といった水不足が起こり、第一から第二段階といったわずかな取水口の移動ではなく、大幅な堰《せき》の移動が行われ、第三段階にはいるという。しかし、同じ遺跡に対する考古学的調査の遺物と遺構の対応関係からの見解では、第一段階の水路は十一世紀ごろに開削《かいさく》されたとする見解もだされている。この見解では、第一段階や第二段階の水路は完新世段丘Ⅱ面の形成より前にさかのぼるとはいえなくなり、むしろ、完新世段丘Ⅱ面の形成によってその後背地にあった水田へ水が十分供給されなくなった結果、創設された水路であると理解している。

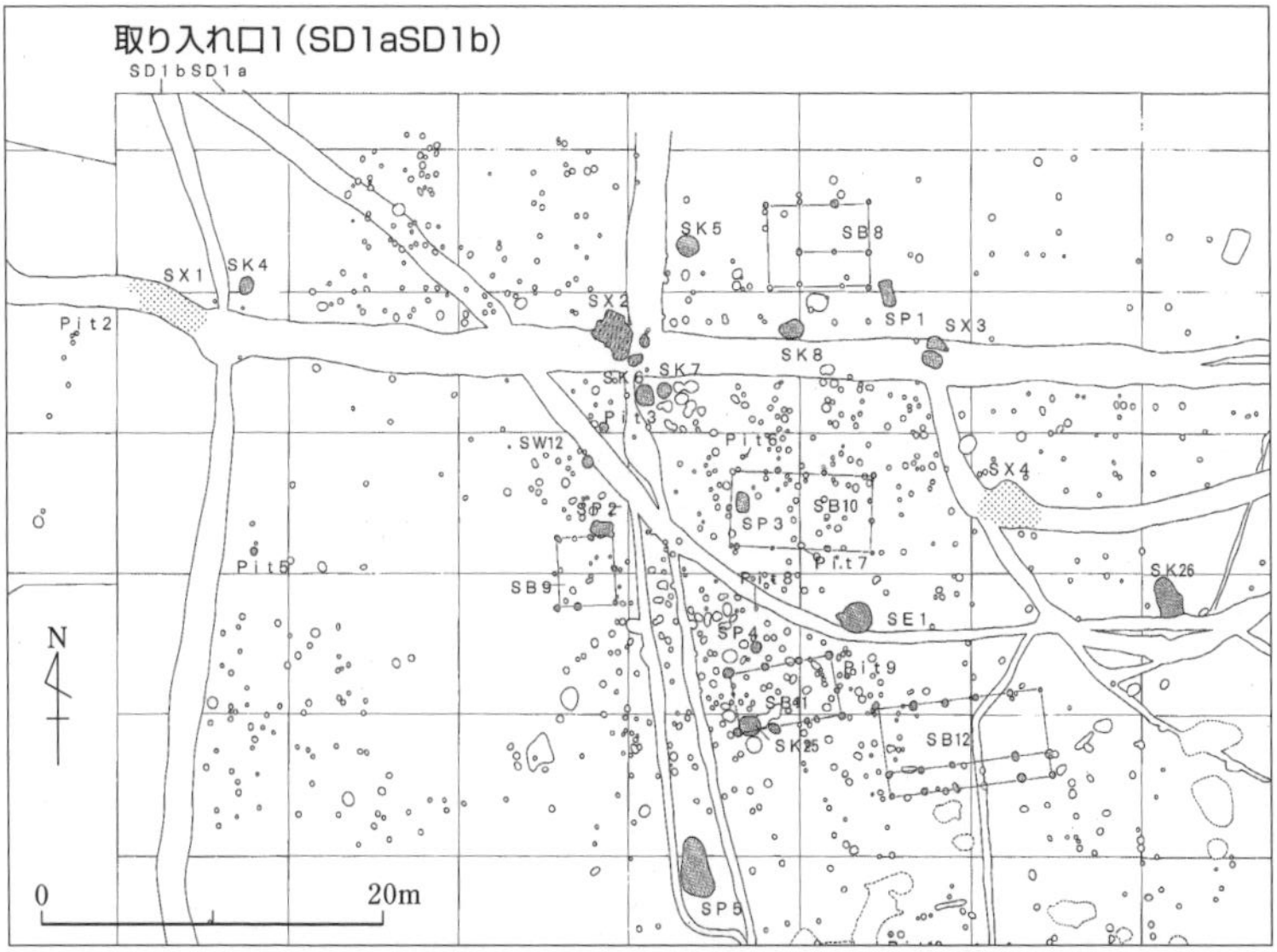

●──原遺跡七郎丸地区で発掘された水路と建物(国東町教育委員会編『原遺跡七郎丸1地区・口寺田遺跡』所収の図を修正)

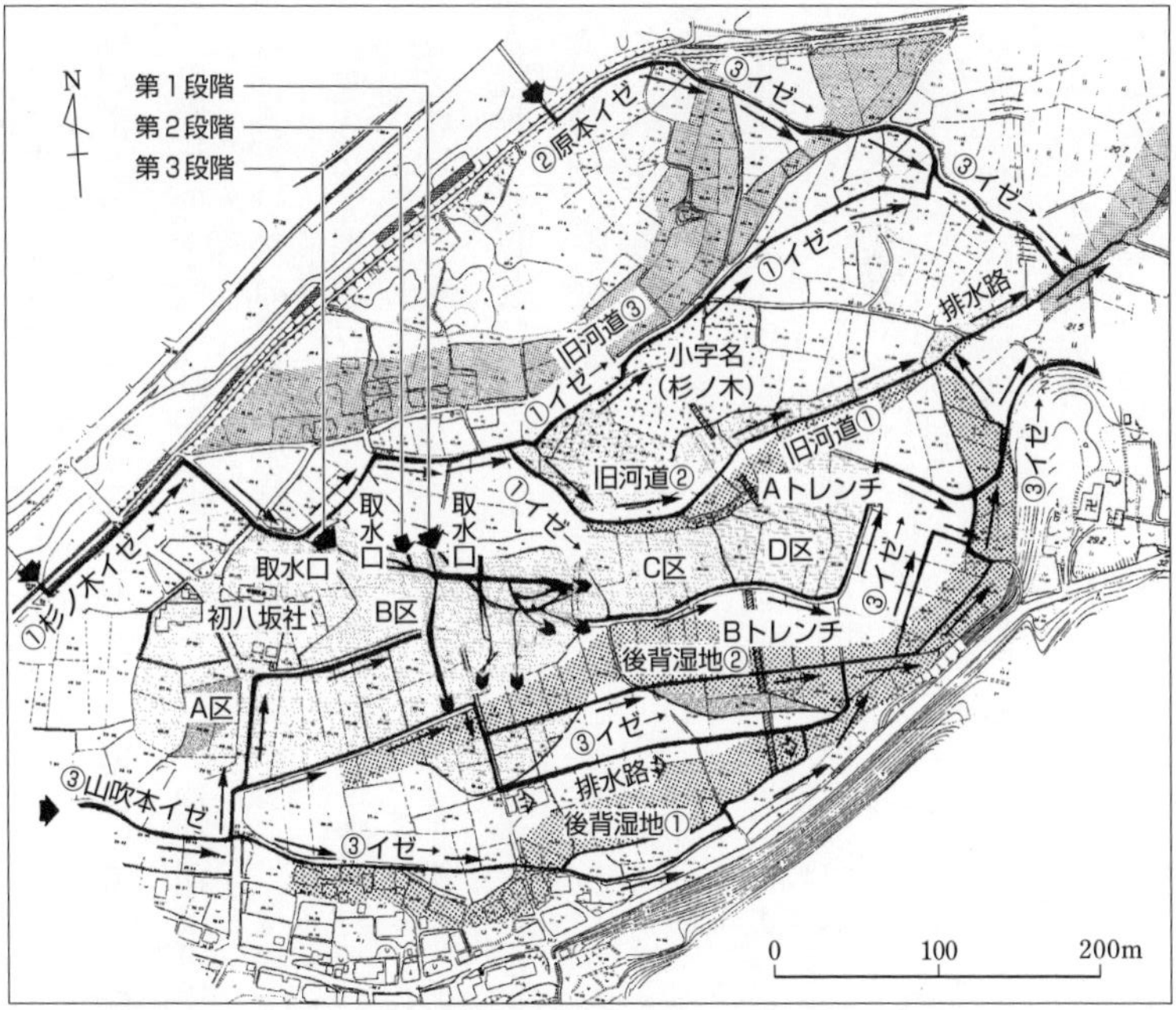

●──原遺跡七郎丸地区の水利灌漑図と七郎丸地区の発掘水路(国東町教育委員会編『原遺跡七郎丸1地区・口寺田遺跡』所収の図を修正)

第三段階の水路は、この遺跡の遺物から十四世紀前半までに廃絶したと考えられるが、高橋は完新世段丘Ⅱ面の形成による小さな崖の確立が堰の大幅な移動を余儀なくし、第三段階の取水口の移動があったとし、その時期は平安《へいあん》時代末期とみている。高橋と考古学者の最初の水路の開削時期について見解は異なっているが、十一世紀から十二世紀のあいだに二度の水路の付替えが行われ、三段階の取水口の変遷があったことはおおむね一致しているといえる。このうち、第一・第二段階が段丘形成以前であり、第三段階が段丘形成以後とするか、この三段階すべてを段丘面の形成過程で起こった取水口の移動とみるかが分かれるところである。

七郎丸地区の西側の初八坂社の付近に第三段階の取水口がつくられるが、七郎丸地区の遺跡では、第一段階・第二段階・第三段階の水路に対応し、前ページ上図にみられるように、その取水口付近に建物が建てられている。この建物は、古代の八世紀以前の建物とは異なり、中世的特色▲を示しており、このことからも、この溝の最初が奈良や平安初期にさかのぼる可能性は少ない。建物の性格はにわかに断定できない。領主《りょうしゅ》の水路支配の拠点のための家屋のようなも

▼**中世的特色**　柱の太さや掘りかたなどが小規模で、庇《ひさし》をもつ建物もある。

のとする見解もあるが、水路の方向に規定される性格の建物であり、第三段階で取水口は初八坂社の横に移動し、水路と社《やしろ》とが密接に関係していることをうかがわせる。このことから、社のような宗教的な施設ということも考えられる。

さて、十四世紀半ばになると、七郎丸地区の微高地の北側を流れていた岩屋《いわや》川はさらに北に移動し、しだいに現在の河道に固定される。七郎丸地区の微高地とその後背地に水を供給する水路は山吹イゼとしてさらに上流に取水口を移動するが、初八坂社と接するように水路をつくり、神社を水源として意識する仕かけを踏襲した。そのように考えると、第一段階〜第三段階の水路に対応した建物は初八坂社の社殿であったということもあながち空想とはいえない。

また、田深川流域には、平安時代に国東・速見《はやみ》両郡の郡司《ぐんじ》を務めてきた紀《きの》氏《し》▲が開発した諸富名《もろとみみょう》という二〇町近い大規模な名《みょう》が存在した。その系譜に連なる諸富名主沙弥西秀《しゃみせいしゅう》(紀秀俊《きのひでとし》)は、一二六三(弘長三《こうちょう》)年正月二十五日、この名の三分の二を嫡子溝部秀頼《みぞべひでより》に譲り、残りの三分の一を次男立野秀隆《たつのひでたか》に譲った。「志賀文書《しがもんじょ》」中に残された次男秀隆に譲った譲状《ゆずりじょう》には、「件《くだん》の田畠以下の所領は、西秀重代相伝《じゅうだいそうでん》の所帯なり、しかるに秀隆、西秀の次男たるにより、諸富名内三分

▼**郡司紀氏**　国東・速見両郡の郡司となった紀氏。紀継雄《つぐお》・長谷《はせ》雄《お》の子孫ともいう。国東・速見郡には、本姓紀氏を称する溝部、立野《の》、横手《よこて》、諸富《もろとみ》、長木《ちょうき》、野原《はる》、永松《ながまつ》、長谷雄らの諸氏がいる。

一を割《さ》き別《わ》け、永代《えいたい》を限って譲り与《あた》うところなり、この上は山吹の諸富においては、一向《いっこう》嫡子秀頼の妨げを停止し、秀隆領掌《りょうしょう》せしむべきなり」とあり、次男秀隆分の諸富名三分の一を「山吹之諸富」と呼んでいたことが知られる。

次男紀秀隆は立野氏を称し、田深川の中流に位置する立野地区に館をもっていたと考えられる。立野地区は、田深川を挟んで、山吹地区に向かいあい、この地区の川よりに山吹の地名が残っている。諸富名の水田は、さきの譲状に付与された田畠在家《でんぱたざいけ》坪付《つぼつけ》注文《ちゅうもん》▲があり、そこには、門田《もんでん》▲・公田《こうでん》▲・在家▲の場所と田数が記載されている。現地調査の結果、在家の位置は明らかにできなかったが、水田は、田深川下流北岸に広がる条里的区画をもつ地域にも分布し、とくに門田と呼ばれる水田は、田深井堰と呼ばれる水路から水が供給される地域に分布していることをかつて明らかにした。

田深川流域の水田の圃場整備にともなう発掘で、平安後期までは、桜元宮《さくらもとみや》の付近で川が北に蛇行していたことが確認された。ところが、現在の河道に移動すると、それまでの灌漑システムが大きなダメージを受けたと考えられた。そこで、条里《じょうり》部における郡司の門田設定は、十〜十二世紀の時期における河道の

▼**坪付注文**　耕地や屋敷の所在地や面積を書き上げたリスト。

▼**門田**　荘園制下における在地領主の直営地。屋敷周辺に位置し、地味や水利条件にめぐまれた田が選ばれたという。

▼**公田**　中世当初は、荘園に対する公領(国衙《こくが》領)を意味したが、荘園・公領の定田(年貢《ねんぐ》・公事《くじ》負担地)の意味で使用されるようになった。

▼**在家**　中世の通常の家をさす語。荘園制下の在家役を徴収する単位。

移動が条里部へ水を供給していた灌漑システムを破壊し、条里部で一時的に荒廃が現出し、その結果、あらたにつくられたのが田深井堰であるという想定をしたのである。この開発の主体になったのが、国東郡司の紀氏と考えられる。

国東郡司紀氏がいつ国東郡司となったかは明らかでないが、田深川の河口に近い、飯塚《いいづか》遺跡で発見された九世紀代と推定される木簡《もっかん》からは、「国前臣《くにさきのおみ》」氏が郡司であったと推測され、紀氏は国前臣氏のあと、郡司となった可能性が高い。

この開発の主体となったのが、国東郡司である紀氏であり、「山吹之諸富」の開発も同じ時期の開発であったといえるのである。十〜十二世紀の時期の気候変動とそれにともなう地形環境の変動は、たしかに開発の大きな引き金となったことはまちがいない。

環境歴史学から絵図を読む——「陸奥国骨寺村絵図」の世界

骨寺《ほねでら》村は現在は本寺《ほんでら》と呼ばれ、岩手県南部の磐井《いわい》川の中流部、本寺川(通称中川、中世では檜山河《ひやまがわ》)が磐井川に合流する付近に位置する。中世の骨寺村は現在の一関《いちのせき》市厳美《げんび》町の字駒形《こまがた》・中川《なかがわ》・若井原《わかいばら》・要害《ようがい》・沖《おき》要害・若神子《わかみこ》・真坂《まさか》の地区に比定される。ここでは、本寺川の河川改修による水田の変更や何枚かの水田をあわせる畝町直《せまちなお》し▲などによる水田の拡大は行われているが、全体におよぶ圃場整備は行われず、いまだ中世の景観が十分に感じられる場所である。

中世の「陸奥国骨寺村絵図」▲の詳細絵図(三〇ページ下写真参照)には、絵図の左側に上から下へ「石《い》八《わ》井《い》河」(磐井川)が描かれ、中央部には、上から下へ「檜山河」(本寺川)が描かれている。また、詳細絵図には、水田が詳しく描かれ、この絵図の作成に水田の立地が関係していることをうかがわせる。しかし、これまでの絵図分析のなかでは、そのことに十分な関心が払われているとはいいがたい。そこで、描かれた水田の問題から、骨寺村における開発と自然環境の関係を探ることにしよう。

すでに大石直正・吉田敏弘・松井吉昭の現地踏査を踏まえた研究が存在しており、これを前提に論を進めていく。なお、現在、詳細な地名や水利などの調査が国学院大学の吉田敏弘研究室を中心に進められており、詳しくはその成果を参照いただきたいが(『骨寺村荘園遺跡』二〇〇四年)、ここでは大まかな問題にふれてみたい。

▼**畝町直し**　水田の区画を変え、何枚かの田をあわせ拡大すること。

▼**「陸奥国骨寺村絵図」**　詳細絵図と簡略絵図の二枚があり、両方とも中尊寺大長寿院の所蔵。現在中尊寺讃衡蔵保管。両絵図の関係、時期については、諸説があるが、大まかにいうと、鎌倉中期から南北朝期の絵図であることはまちがいない。

本寺地区では、磐井川が深い渓谷を形成し、その深さは三〇メートルにおよぶ。本寺地区では磐井川からの水を利用することはまったく不可能であり、岩盤の侵食状況を考えても、中世も同様であったと考えられる。現在、この地区では、本寺川からの水を利用する水田と山の沢水を利用するものがほとんどで、ほかに若干の湧水を利用する水田がある。

本寺川には、ソウジギアゲバ・テラガアゲバ・レイダアゲバ・シンダアゲバなど「アゲバ」と呼ばれる用水堰があり、左岸の要害集落の水田一部を灌漑するレイダアゲバ以外は、すべて右岸にかかっている。それに対して左岸はユノ沢・タイホウ沢・アジガ沢(尼が沢)・テラノ沢という沢から水を利用している。磐井川よりの駒形の山際の水田は山からの水がしみだす湿田であるが、その東のナカザと呼ばれる水田には、本寺川の上流で取水した用水が駒形根《こまがたね》神社の前をとおりこの地区に水を供給している。「ナカザ」は絵図の中沢に相当すると推定され、現在はナカザの水田から下に細長い水田が連なっており、そこがまわりより一段低くなっており、中沢の旧河道と推定される。

以上の現況を踏まえて、中世の「骨寺村絵図」の世界を読み解いてみよう。詳

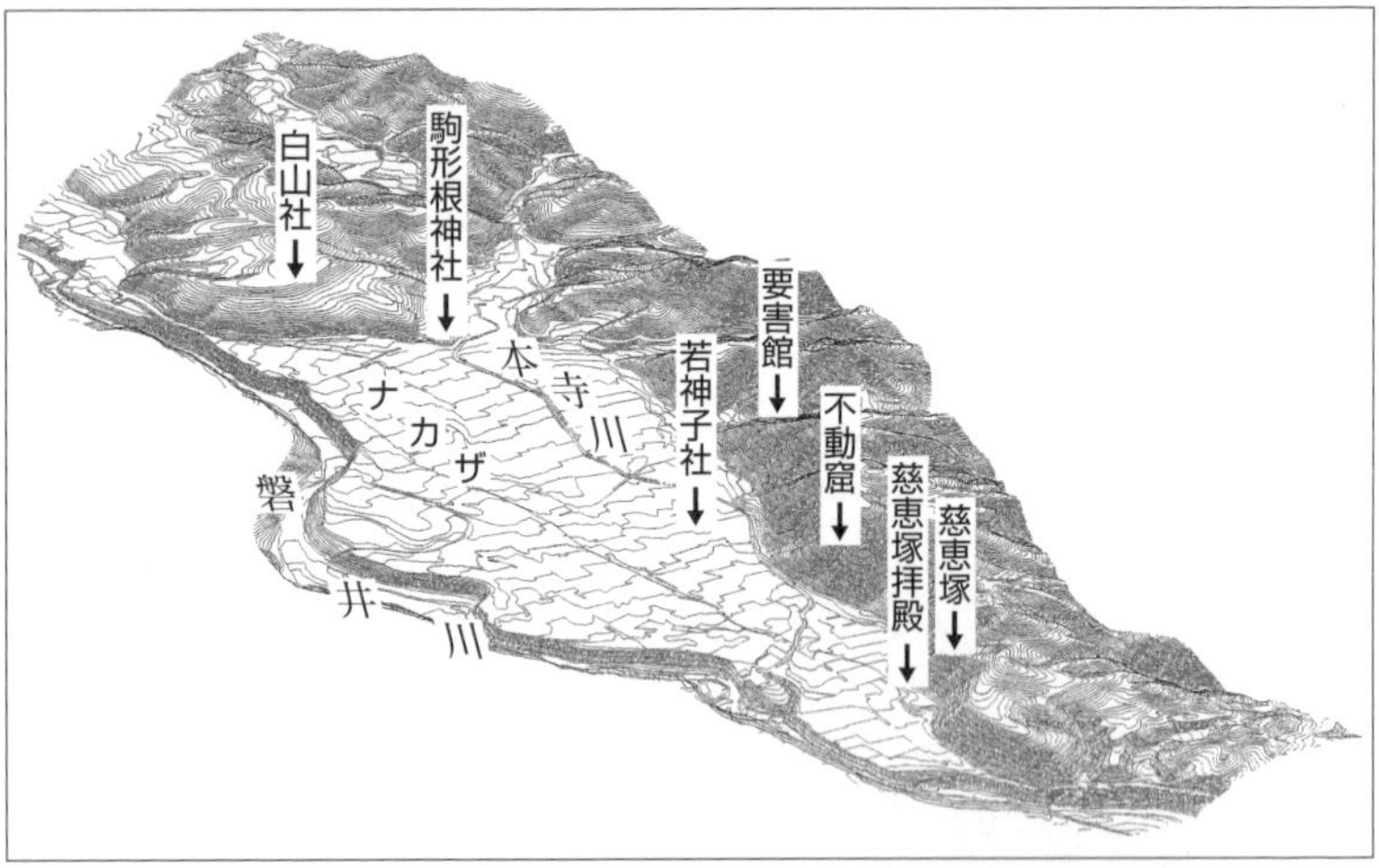

●──骨寺村鳥瞰イメージ（南東から北西方面，一関市教育委員会編『骨寺村荘園遺跡確認調査報告書』所収の図を修正）

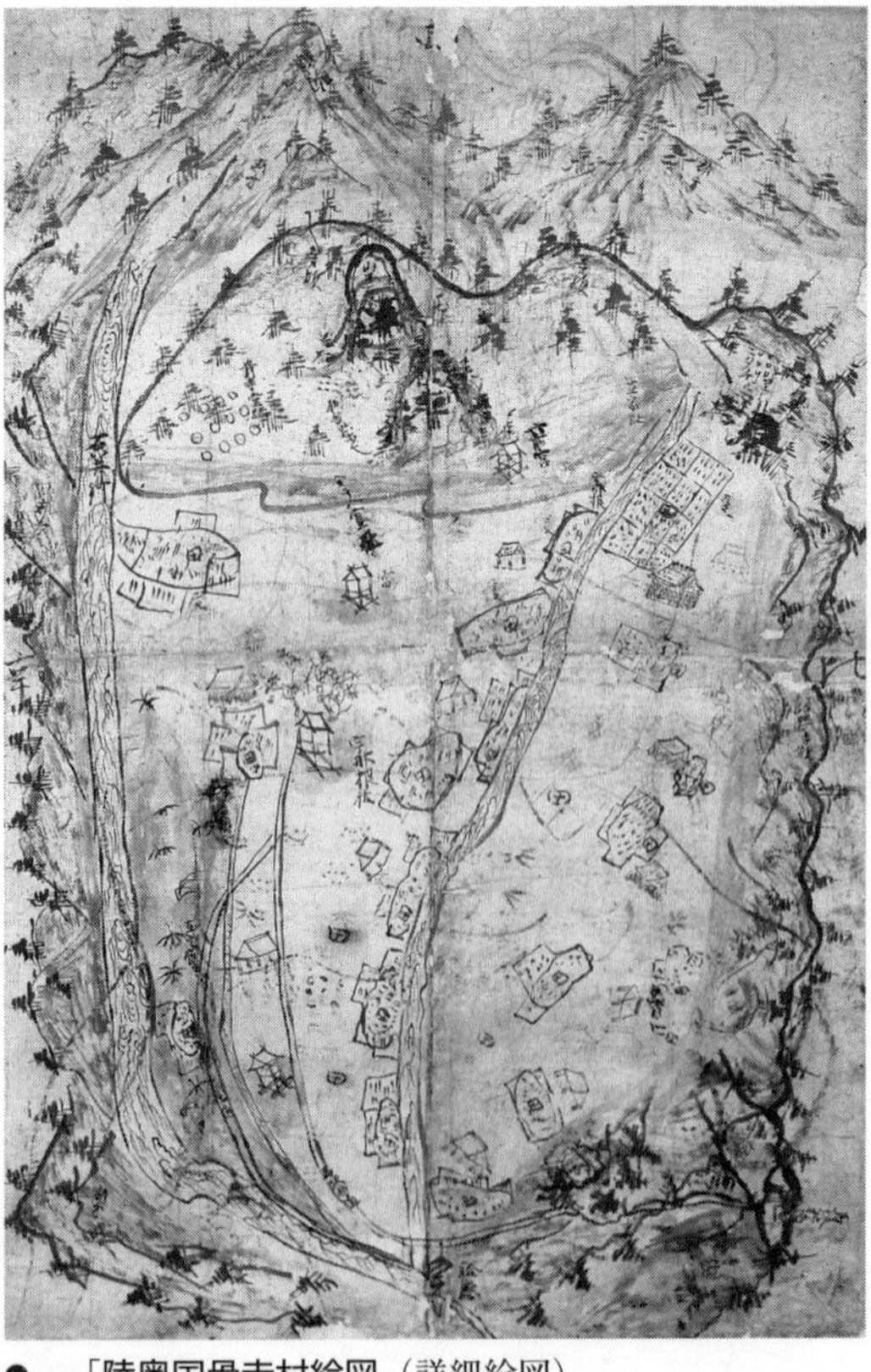

●──「陸奥国骨寺村絵図」（詳細絵図）

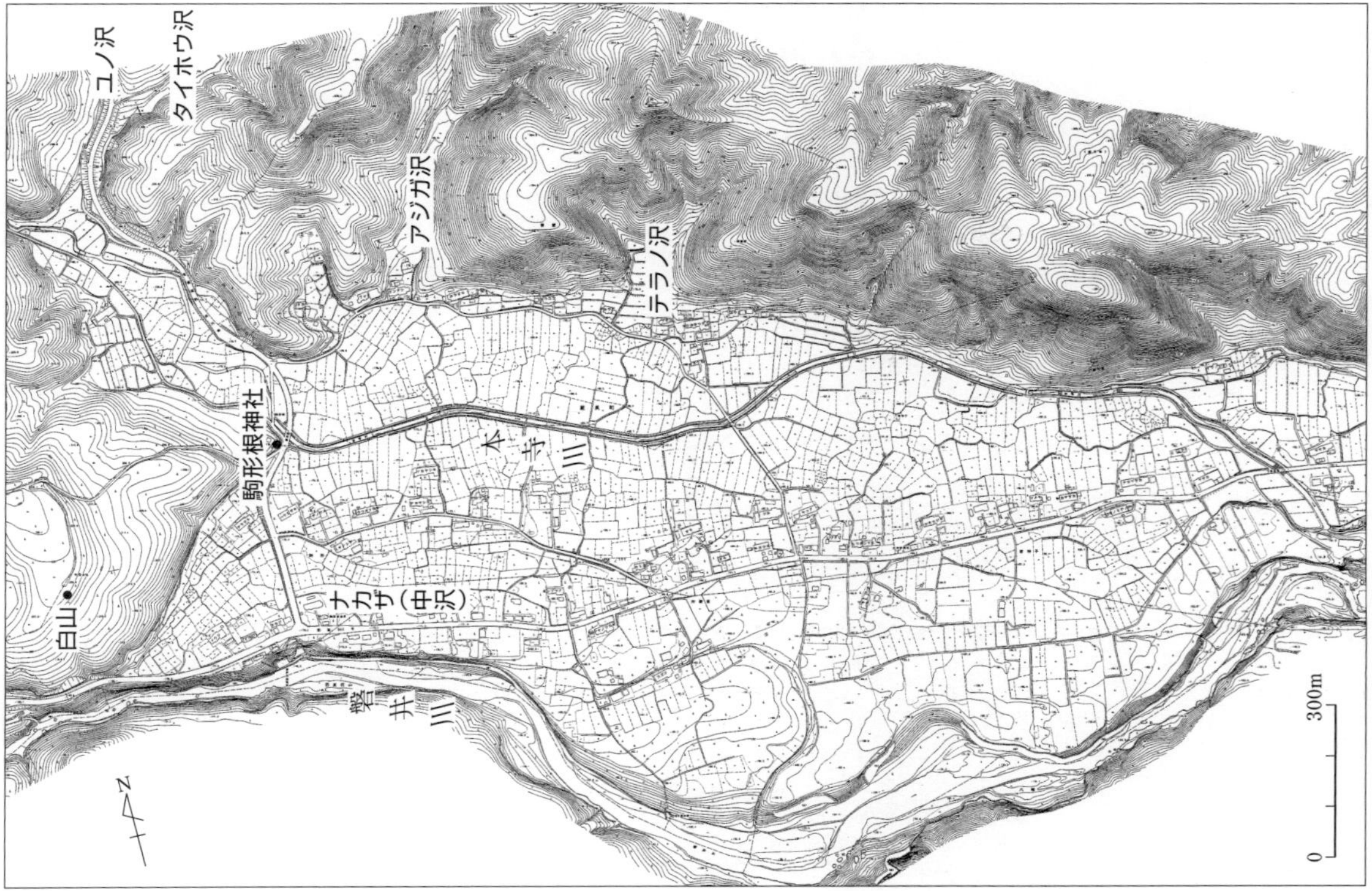

●—骨寺村荘園遺跡現況図(一関市教育委員会編『骨寺村荘園遺跡確認調査報告書』所収の図を修正)

▼定田　年貢・公事の負担をする田。

細絵図では、方形に囲まれた水田と田とのみ表記する水田記載がみられる。前者は定田《じょうでん》▲として安定的に水田と認識されたものと推定され、檜山河（本寺川）の右岸には、河に接して七カ所の水田のまとまりがみられる。現在は三カ所のアゲバしかみられないが、かつてはもう少し細かくアゲバが設定されていた。右岸の水田は檜山河の水を利用するという点では、現在の水利状況と基本的には変わらなかったと考えられる。定田と推定された方形区画の水田の奥すなわち檜山河から離れた部分に田のみの記載があるのは、水の状況にめぐまれた年は田として開ける田代を示していると考えられる。

これに対して檜山河の左岸の水田記載は最上流のまとまった水田区画以外は檜山河に接する形をとらず、在家とセットになった水田が七カ所にみられる。絵図の檜山河左岸地区に相当する要害地区はユノ沢・タイホウ沢・アジガ沢・テラノ沢という沢水を利用し、水田のまとまりはその沢と対応していたと推測される。檜山河に近い部分に田のみの記載がみられるのは、沢水の豊富な年には、ここまで水をかけることができたのではなかろうか。

絵図画面の左上の「石ハ井河」（磐井川）に接した水田は駒形の水田とみられ、

その形も旧河道に開かれた現在の水田に対応している。その下にある宇《う》奈《な》根《ね》社の左横にみられる水田は「ナカザ」と呼ばれる地域の水田とみられる。現在、宇奈根社は存在しておらず、その場所も確定していない。

大石直正の研究によれば、ウナネとは用水溝を意味する「ウナデ」とその始点すなわち取入れ口を意味する「ネ」(根)が結合したもので、用水の神であるという。民俗学の研究においても東北地方に現在も多数存在する宇《う》那《な》禰《ね》社《しゃ》(ウンナン様、ウナン様)は、水の神・田の神であって、湧水や用水の取入れ口に存在する例が多いといわれている。大石は、ウナネ社やウンナン・ウナンという地名が十二世紀における平泉《ひらいずみ》の▲直轄領というべき地域に集中することに注目し、十二世紀の水田開発以前からの村々にあったウナネ神が天台《てんだい》の信仰と結合したという旧説を改め、ウナネ社の勧請《かんじょう》は奥州藤原氏《おうしゅうふじわらし》▲の主導下の、あるいはそれと結びつく水田開発にともなったものであると考えた。さらに、十二世紀のウナネ社の勧請は気候条件の温暖化による水田開発の盛行であり、また北奥を中心とするウナネ社の消滅は中世後半の気候の寒冷化と対応する水田農業の後退と関係したと推測している。

▼**平泉**　奥州藤原氏の館があった場所。近年、北上《きたかみ》川の河道付替え工事によって、高館《たかだて》橋の北側から平泉館が発見され、奥州藤原氏の実像が明らかになりつつある。ここでは奥州藤原氏をさす。

▼**奥州藤原氏**　後三年合戦《ごさんねんかっせん》後、阿倍《あべ》・清原《きよはら》故地を受け継ぎ奥州に君臨した一族。始祖藤原経清《つねきよ》が阿倍氏婿となり、清衡《きよひら》・基衡《もとひら》・秀《ひで》衡《ひら》・泰《やす》衡《ひら》が平泉を拠点に北方《ほっぽう》交易や金の産出によって繁栄をきわめたが、鎌倉幕府によって滅ぼされる。

そこで、もう一度、骨寺村の絵図の世界に戻って水田・用水・信仰との関係を整理してみよう。「陸奥国骨寺村絵図」には、画面の最上部に「駒形」の記載がある。さらに、その下の画面中央に山王窟《さんのうくつ》が描かれる。骨寺村の四至《しいし》境は「東鎰懸《かぎかけ》、西山王窟、南岩井河《いわいがわ》、北峯山堂馬坂《みたけどうまさか》」とあり（『吾妻鏡《あずまかがみ》』）、この絵図では、西以外はすべて、四至の境までしか描いていないのに、絵図の上となっている西側の空間は、村の境である山王窟を越えて、駒形の峰《みね》（栗駒山《くりこまやま》）までが描かれている。そこには一つの絵図の世界観を読みとることができる。

すでに、吉田敏弘は、「骨寺の生活空間は、基本的に駒形や山王の岩屋を天として、東向きに上流から下流へと設定されたヴェクトル場をなす。宇那根社と鎰懸は、こうした骨寺村のヴェクトル場における基本特異点であり、それぞれ意味的にはソース、シンクに対応する焦点と見做されよう。言い換えるならば、骨寺村のベーシックな地域像は、山王の岩屋（西の四至）をソースとし、鎰懸（東の四至）をシンクとして流下するヴェクトル場として構造付けられている。そしてそのなかで、中心をなす段丘平野の『里』は宇那根社をソースとして完結した二次的ヴェクトル場と解される。そして、こうした二重構造をなす骨寺村の領域の外部には、さらに駒形をソースとする磐井川流域の広域的レベルの地域像が全体として規定されている」と述べて、さらに、このような構造に開発的認識や山岳信仰的意識が対応していると考えている。

このような吉田の絵図の世界観の読み方には賛成であるが、里《り》と里山《さとやま》と奥《おく》山《やま》▲としての駒形を絵図のなかに圧縮して描いた意味を明確に論じているとはいえない。そこでまず、水田を細かく描いた詳細図についてみると、水源が強く意識されていると考えられる。栗駒山に磐井川の源流があり、骨寺村は栗駒山の山麓の東に位置し、栗駒山系の山々から水が骨寺村へやってきていると考えられていた。磐井川近くにある「駒形」の地名も、また、駒形根神社の名前も根本水源としての駒形の峰(栗駒山)への信仰を示している。栗駒山は春に代掻《しろかき》馬《うま》▲の雪形があらわれる山として、水田の水の源として古来信仰されてきた。

骨寺村では、駒形の峰を根本の水源として、直接的には山王窟のある山王山《さんのうざん》が水源と意識され、現在の駒形根神社に相当すると考えられる六所宮《ろくしょのみや》は檜山河(本寺川)からの取水の場所として意識されている。詳細絵図では六所宮の近くにある檜山河右岸の最初の田の上に「宇那根」と書かれている。これは、簡略

▼里・里山・奥山　村落の構造は①ムラ(集落)、②ノラ(耕地)、③ヤマ(林野＝採取地)の三重の同心円状で理解できるとする民俗学の福田アジオの成果から、里は①②を包括したものであり、里山は③のことをさし、人工の自然環境といえる。奥山は①②③の外縁をなす人跡未踏の自然環境であるとして理解できる。

▼代掻馬　田植えに備えて、水を張った水田の土をくだきかきならす作業を代掻きといい、牛馬に馬鍬《まぐわ》をひかせ行っていた。

絵図では、「宇那根田一反」に相当すると考えられる。これまでは、絵図に描かれた宇那根社の神田《じんでん》または免田《めんでん》▲と単純に考えられてきたが、詳細絵図では、これが水田の地名とすると、なぜここだけが一カ所記載されたのか説明できない。また、簡略絵図では神田の場合、六所神田・若神子神田などと書かれるのに、宇那根神田とは書かれていない。おそらく、これは宇那根社の単なる神田ではなく、この田が用水の取水口としての「ウナネ」を示していると考えられる。

すでに述べたように、現在も絵図の「宇那根」の地名の辺りには、本寺川が取り入れた水を川沿いの田に流す水路と駒形方面へ流す水路の分岐があり、駒形方面にいたる水路は、絵図の中沢方面へ水を供給している。場所は確定されていないが、この中沢の水源付近に宇那根社が描かれている。絵図の「宇那根」の地名と宇那根社は用水で、絵図が描かれた当時も連結されていた可能性が高いのではなかろうか。また、「宇那根」と「宇那根社」をつなぐ水路の中間点に金聖人霊社の「宮」が存在しているが、松井によれば宮城県北部から岩手県南部の多くの村にみられる神(法領《ほうりょう》・雲南《うんなん》ともいう)で、落雷の跡にまつられる水神であり、「宇那根社」とセットになるという。

▼**神田・免田**　神社の永代所有地のことを神田と呼ぶ。そこからの収入でもって祭祀や神社の修造などといった費用にあてられていた。免田とは荘園・国衙領において特別な用途に充てるため、年貢や諸課役が免除された田のことをいう。

詳細絵図からは、駒形の峰→山王窟→檜山河→六所宮→宇那根→金聖人霊社→宇那根社→水田という水のラインを読みとることができる。絵図は鎌倉時代のものと考えられるが、大石が明らかにしたように、「ウナネ社」が平泉の支配とともに成立した水神とすれば、絵図の世界観は、十二世紀初頭に骨寺村が平泉中尊寺《ちゅうそんじ》▲の経蔵別当領《きょうぞうべっとうりょう》▲としていわゆる荘園制支配の世界に組み込まれたときに形成されたものと考えられる。中世に成立した荘園的ムラ世界は、鎮守を水源とする水利システムをつくりあげ、自然の水のめぐみを実感できる構造をつくりあげたのである。絵図では、このような中世人の水源意識に基づく世界観を表現していると解釈できるのではなかろうか。

ホタルからみた里山の成立

私は、毎年、国東半島の田染の小崎《おさき》地区で学生とともに田植えを行う。田植えの終った夕暮れ、ホタルをみることにしている。小崎川の上流の山の口付近からさらに上流にかけてホタルが乱舞する。ホタルは不思議な虫である。人間がいても逃げはしない。手をかざしていると、手にホタルがとどまり、手のひ

▼**平泉中尊寺**　藤原清衡が平泉の地に、一一〇五（長治《ちょうじ》二）年に建立した天台宗《てんだいしゅう》の寺院。一三三七（建武《けんむ》三）年の火災で大部分を焼失。当時の建物で現存するのは奥州藤原氏の廟所《びょうしょ》である金色堂《こんじきどう》だけである。

▼**経蔵別当領**　仏教経典の収蔵庫を経蔵と呼び、その責任者を別当という。骨寺村は中尊寺の経蔵別当にあてられた所領。

らのなかでしばらく光をはなって、また去っていく。人とは着かず離れずの関係にある。田染のような里山の世界にホタルは住んでいる。里山は人間がつくりだした世界ではあるが、そこでは自然と人間が一定のバランスを保ち、人びとは自然の恩恵を享受して暮してきた。このバランスがくずれると、ホタルは住めなくなる。ホタルは人間のあふれる都会には住めないが、また、人里離れた人のいない山谷の奥に住むこともできないのである。このような里山の景色はどのように形成されたのであろうか。

『常陸国《ひたちのくに》風《ふ》土《ど》記《き》』▲につぎのような記述がある。六世紀の初め継体《けいたい》天皇のころ、箭《や》括氏《はずのうじ》麻《ま》多《た》智《ち》が常陸国の行方《なめかた》郡の新田《しんでん》開発を行った。麻多智はこの郡の葦原《あしはら》を開き田をつくろうとするが、頭に角があり、体は蛇の姿をした夜《や》刀《と》神があらわれ、開発を邪魔した。夜刀とは東国《とうごく》地方で谷のことをいう。夜刀神とはその姿から谷の葦原(湿地)に住むマムシのことをさすと思われる。麻多智は、杖《ほこ》でこの神を打ち払い、山の口まで追いつめ、そこに標《しるし》の梲《つえ》を立て、堀を境にして、「これより上は神の地と為《な》すことを聴《ゆ》るさむ、これより下は人の田と作《な》すべし、今より後、われ、神の祝《はふり》となりて、永代《えいたい》に敬い祭らむ、冀《こいねが》はくは、な祟《たた》りそ、

▼『常陸国風土記』　七一三(和《わ》銅《どう》六)年に作成された常陸国の地誌。東日本唯一の現存風土記であり、古代の常陸国を知る史料でもある。

な恨みそ」(これより上は神の地とすることをゆるそう。これより下は人の田となすべきである。以後、私は神に仕えて、神をながく敬いまつろうと思う。お願いだから祟るなよ。恨むなよ)と告げて、社を設けた。

それから一五〇年ほどへた孝徳《こうとく》天皇のころ、官人《かんじん》と思われる壬生連麿《みぶのむらじまろ》という人物が、箭括氏麻多智の開発した谷に池をつくり再開発を行った。ここに、ふたたび夜刀神があらわれ、池の周囲の椎《しい》の株に集まって、そこを立ち去らない。壬生連麿は大声でつぎのように叫ぶ。「此の池を修めしむるは、要は民を活かすにあり、何の神《あまつかみ》、誰の祇《くにつかみ》ぞ、風化《おもむけ》に従はざる」(この池を修築するのは、要するに民をいかすためである。どのような天の神も地域の神も天皇の政策に従わないことはない)。そして「目に見える雑《くさぐさ》の物、魚虫の類は、憚《はばか》り懼《おそ》るるところなく、随尽《ことごとく》に打ち殺せ」(目にみえるあらゆるもの、魚虫の類は躊躇することなく、すべて打ち殺しなさい)と役《えだち》の民に命じたところ、夜刀神は姿を消した。

ここには、開発を行う人間と神という言葉に象徴される自然の厳しいせめぎ合いが描かれている。古代の人びとは、自然に対して、きわめて挑戦的であり、自然は克服されるべき対象であった。古墳時代の象徴である古墳は、その大規模な土木国家の象徴であり、その延長上に形成された律令《りつりょう》国家はどこまでも直進性を求める官道《かんどう》の建設、大規模な条坊制《じょうぼうせい》▲の京《きょう》、方形に区画された条里水田▲とさらに規模の大きい開発を推進した。

『常陸国風土記』の描く古代の地方の世界をみると、蛇や「目に見える雑の物、魚虫の類」という自然の象徴物と共生する考えはなく、いまだそこにはヒトと自然が共生できる里山の世界は形成されているとは思われない。環境歴史学は人間の目線からの歴史学だけではなく、動物や植物からの目線から歴史を論ずることを可能にする。この項では、里山を象徴するホタルという動物からヒトと自然の距離をはかり、里山の形成について論じてみることにしよう。

八世紀半ばにつくられたといわれる『万葉集《まんようしゅう》』▲には、四五三六首の歌がおさめられている。そこには、鳥や蟬《せみ》などの動物から花などの植物にいたるまでさまざまな自然の事象や事物がうたわれ、古代の人びとの自然観を知る好材料となっている。しかし、ホタル▲をよんだ歌は巻一三(三三四四)に歌枕としてみえるだけで、それ以外にない(浅野則子氏ご教示)。『古事記』にも一例あるが、ぶきみな光る虫としてみえるだけで、奈良・平安初期までは大きな関心を示す虫にな

▼**条坊制**　藤原京・平城京《へいじょうきょう》・平安京で採用された都市計画。朱雀《すざく》大路《おおじ》を中心に左右に分けられ、大路に囲まれた区画を坊と呼び、東西に連なる坊の列を条と称した。

▼**条里水田**　日本古代の耕地区画法。おおむね郡ごとに耕地を六町(約六五四メートル)間隔で縦横に区切り、六町間隔の列を条、六町平方の一区画を里と呼び、一里はさらに一町間隔で縦横に区切って合計三六の坪とし、地点の表示を明確に耕地の形を整えた。

▼**『万葉集』**　現存最古の歌集。成立に関しては確かな史料がないが、大伴家持《おおとものやかもち》が編纂にかかわったと認められる。歌は八世紀半ばまでの時期の長歌《ちょうか》・短歌《たんか》を中心に、旋頭歌《せどうか》なども含まれている。

▼ホタル　四〇～四三ページの『万葉集』を始めとする古典史料の記述は、浅野則子氏から構想についてのヒントをいただき、さらに史料についてのご教示を賜った。記して感謝したい。

●──**『伊勢物語絵巻』**　『伊勢物語』の第22段の一場面といわれる。月明かりの野道を女のもとにかよう男の姿。女の家の庭には，コオロギか，スズムシが描かれている。

っていない。ところが、平安時代の中期以後、『伊勢物語《いせものがたり》』『古今和歌集《こきんわかしゅう》』『枕草子《まくらのそうし》』『源氏物語《げんじものがたり》』『和泉式部集《いずみしきぶしゅう》』などのなかにホタルの史料が頻繁にでてくる。

『伊勢物語▲』の第四五段に「行く蛍《ほたる》　雲の上まで　いぬべくは　秋風吹くと雁につげこせ」という歌がある。ある男に恋こがれた女性が、死ぬ直前にそのことを家族に打ち明け、そのことを男に伝えた。ある夕方、男はホタルをみてこの歌をうたう。

『古今和歌集▲』の恋歌にも、「ゆふされば　蛍よりげに　もゆれども　ひかりみえねば　人のつれなき」とあり、和泉式部▲は「男に忘れられて侍《はべ》りけるころ、貴《き》船《ふね》に参りて、みたらし川の、ほたる(蛍)とび侍りしを見て」「ものおもへば　沢のほたるも　わが身より　あくがれいづる　たま(霊・魂)かとぞ見る」とうたう(『和泉式部集』)。十世紀から十一世紀にはホタルが和歌にうたわれるようになる。

また、『枕草子▲』のような散文《さんぶん》的な作品や『源氏物語▲』にもホタルが登場する。『枕草子』には、夏の場面でさまざまな虫が描かれ、そこにホタルも登場する。『源氏物語』にも帚木《ははきぎ》・夕顔《ゆうがお》・薄雲《うすぐも》・幻《まぼろし》・夢浮橋《ゆめのうきはし》などの巻で邸宅・別荘の庭園のなかを飛ぶホタルが描かれているが、なんといってもホタルがもっとも効果的

▼**『伊勢物語』**　在原業平《ありわらのなりひら》をモデルとして主人公にした平安時代の歌物語。恋物語が中心だが、藤原氏との関わりなどといった政治的な話題も含まれている。

▼**『古今和歌集』**　最初の勅撰《ちょくせん》和歌集(天皇の命令によってまとめられた和歌集)。撰者は紀友則《きのとものり》・紀貫之《きのつらゆき》・凡河内躬恒《おおしこうちのみつね》・壬生忠岑《みぶのただみね》。約一一〇〇首が撰集されている。

▼**和泉式部**　生没年未詳。平安時代の歌人。歌才が認められ、一条天皇中宮《ちゅうぐう》藤原彰子《しょうし》の女房《にょうぼう》となる。『拾遺和歌集《しゅういわかしゅう》』以下の勅撰集にも多く入首されている。回想録として『和泉式部日記』がある。

▼**『枕草子』**　平安時代の随筆。作者は清少納言《せいしょうなごん》。一〇〇一(長保《ちょうほ》三)年ごろ成立。清少納言が一条《いちじょう》天皇中宮藤原定子《ていし》に仕えたときの見聞を記す日記的な箇所には、平安時代の宮中におけるサロンの雰囲気を読みとることができる。

にあらわれるのは蛍の巻であろう。光《ひかる》源氏の六条邸《ろくじょう》に養女として住む玉鬘《たまかずら》と兵部卿宮《ひょうぶきょうのみや》との出会いを、源氏がホタルによって演出する場面である。ホタルのほのかな光で玉鬘の姿をみた兵部卿宮の想いはつのり、「『鳴く声も　聞こえぬ虫の　思ひだに　人の消《け》つには　消《け》ゆるものかは』思ひ知りたまひぬや」と声をかける。それに対して、「声はせで　身をのみ焦がす　蛍こそ　言ふよりまさる　思ひなるらめ」と応え、玉鬘は御殿にはいってしまう。鳴かぬ虫ホタル、その光に恋うる心を託すことによって、二人の想いがより効果的に演出される。

ホタルは平安時代にはいり、人びとから強く意識される虫となった。『枕草子』にあらわれるたくさんの虫、『堤中納言物語《つつみちゅうなごん》』▲の虫愛《め》づる姫君の存在と平安期の人びとは、ホタルのみならず、さまざまな虫に対して歌や物語のなかで関心を示す。『風土記』や『万葉集』にみられる古代の人びとの自然物、とくに虫などに対する気持ちとは大きな変化が生じたのである。ことにホタルのほのかな光は人の想いを託し、和泉式部は、「ものおもへば　沢のほたるも　わが身より　あくがれいづる　たまかとぞ見る」とみずからの魂《たましい》とホタルの光を重ねあわせている。

▼『源氏物語』　平安時代の物語。作者は紫式部《むらさきしきぶ》。一〇〇一(長保三)年から一〇(寛弘《かんこう》七)年までに成立。主人公光源氏と数多くの女性たちとの恋愛を中心に描くことで、愛情から生じる男女の喜びや苦悩を表現。

▼『堤中納言物語』　平安時代後期の短編物語集。作・編者未詳。多様な物語を所収することで、人生の断面をたくみにとらえている。

『万葉集』で意識されなかったホタルが十世紀以降、なぜ人びとにとって身近な存在となったのであろうか。考えられることは古代の人びとはホタルを含めて虫が嫌いであったのか、ホタルの光を恐ろしい、不気味なものとみていたのか、それともホタルが本当に意識されるほど身近にみられなかったのか、などが考えられる。私はこのどれもがあたっていると考える。

自然環境の面では、八世紀以前の日本では水田開発がまだ十分ではなく、ホタルの棲息するヒトと自然の関係が安定した環境のなかで農業の営みを行っている里山的環境が未整備であったという可能性である。『常陸国風土記』の世界でも開発が繰り返されていることから、開発した水田が安定しているとはいえない状況があり、発掘の成果からも、三〇年を超えて継続する古代の集落は珍しい。人びとのささやかな営みは、自然の猛威、災害の前にはなんの力ももたないのであり、自然のめぐみを意識するというより、自然の猛威を排除して一時的な安息の生活がえられると感じていたと思われる。

『常陸国風土記』だけではなく、『肥前《ひぜん》国風土記』▲の世界に出現する神すなわち自然も、荒々しいもので、たとえば神埼《かんざき》郡(現、佐賀県神埼市)では、「此の郡に

▼『肥前国風土記』　七一三(和銅六)年の朝廷の命令で作成された肥前国の地誌。

あらぶる神ありて、往来の人多に殺害される」とあり、佐賀郡(現、佐賀市)では、「郡の西に川あり、名を佐嘉川《さき》といふ、年魚《あゆ》あり、其の源は郡の北の山より出で、南に流れて海に入る、此の川上に荒ぶる神ありて、往来の人、半ば生かし、半ば殺しき」と人が近づくとそれをたちまち殺してしまう恐ろしい存在として描かれる。

佐嘉川上流のあらぶる神は人形《ひとがた》・馬形《うまがた》をつくり、神をまつったら、「応和《やわら》」いだ。『播磨《はりま》国風土記』▲でも「伊勢野《いせの》」というところには人が安住できなかったが、山の岑《みね》にいる神のために社を山本に建て、敬いまつったところ、「家々静安《やす》くして、遂に里を成すことを得たり」ということになった。古代の人びとは、自然界と人間界をはっきりと分け、その境界に神社を建て、神を自然界に封じ込め、「冀《こいねが》はくは、な崇《たた》りそ、な恨みそ」と祈った。自然は懼《おそ》れるべき対象であり、めぐみを簡単に享受できる存在ではなかった。

そのような時代、ホタルはたとえそれがみられても不気味な、あやしげな、光る虫としてしか認識できなかったと考えられ、歌にそれをよむことなどは考えられなかったのであろう。それが十世紀以降になると、ホタルが身近な存在

▼『播磨国風土記』　七一三(和銅六)年の朝廷の命令で作成された播磨国の地誌。とくに狩猟《しゅりょう》・農耕・祭祀に関する伝承は貴重。

として意識され、人の魂と重なりあい、その気持ちを代弁する存在になる。自然環境が変化すると同時に、人間の自然観も変化した。

平安期にはいり、とくに十世紀以降、平安時代の中・後期は、地球レベルの温暖化現象により、大きな自然環境の変化が起こったといわれる。温暖化は、洪水や旱魃《かんばつ》を引き起こし、それから凶作《きょうさく》・飢饉《ききん》・疫病《えきびょう》が発生し、慢性的な農業危機が訪れたとそのマイナス面を強調する考えと、温暖化による洪水の頻繁化は一時的に破壊をもたらすが、十世紀から十二世紀の前半には、完新世段丘Ⅱ面が形成され、この面での新しい開発が促進されたとする高橋学の地理学方面からの説がある。私は基本的に後者の考えを支持し、平安時代をその意味での大開発時代と理解している。

この開発の結果出現してくるのが平安時代以降に形成される領域型荘園▲であり、これをいわゆる里山の原型と考える。多くの荘園は、基本的に山を取り込んだ領域を荘域として設定している。また、「神護寺《じんごじ》領紀伊国桛田《かせだ》荘絵図」「神護寺領備中国足守《あしもり》荘絵図」「九条《くじょう》家領和泉国日根野《ひねの》村絵図」「平泉中尊寺領陸奥国骨寺村絵図」などの代表的な荘園絵図をみれば明らかなように、荘園の中心とし

▼**領域型荘園**　初期の荘園は水田だけで編成されたものも存在していたが、中世にはいってから集落・耕地・山といったものを含んだ領域をもつ荘園が主流になる。この型の荘園が成立する典型的背景には、在地《ざいち》領主《りょうしゅ》が支配している領域において不輸《ふゆ》不入《ふにゅう》権などを確保するために中央貴族《きぞく》たちへ寄進《きしん》したことがあげられる。

て必ず鎮守社《ちんじゅしゃ》が存在している。そこは荘園の住人の結集の拠点であり、荘園の世界観、空間意識は鎮守を中心に形成された。古代の社は、自然界と人間界を境する場所として設定され、その奥の自然界に神々を封じ込めた。しかし、鎮守は、境界としての性格を失ってはいないが、神と人間をつなぐ場所として人間界に神のめぐみをもたらしてくれるようになった。

九四五(天慶《てんぎょう》八)年七月終りごろ、東西の国から諸神が入京するという噂が立った。実際に、八月には、筑紫から「志多羅神《しだら》▲」が入京する。民衆は自在天神《じざいてんじん》、宇佐春王三子《うさのはるきみのみこ》、住吉神《すみのえのかみ》ら数基の神輿《みこし》▲をかつぎ、幣帛《へいはく》▲をささげ、童謡《わざうた》▲をうたいながら、京に向かう。ところが、京の境界地である山崎にいたると、「志多羅神」の主体は八幡大菩薩《はちまんだいぼさつ》▲に変わり、託宣《たくせん》によって石清水《いわしみず》八幡宮にはいり、そこに鎮座することになる。そのとき、人びとが口にしていた童謡はつぎのようなものであった。

月は笠着る　八幡種蒔《たねま》く　いざ我らは荒田開かむ
しだら打つと　神は宣《のたま》う　打つ我らが命千歳《せんざい》しだら米《よね》
早河は酒盛れば、その酒富める始めぞ

▼「志多羅神」　設楽神《しだら》とも書く。「月は笠着る……」の童謡からみても、十〜十一世紀の民衆に信仰された農業神の一種だと考えられる。語源は拍子を打つことに由来する。

▼神輿　神の移動の際に神体《しんたい》が安置される輿。七四九(天平勝宝《てんぴょうしょうほう》元)年、東大寺の大仏造営にあたり、宇佐八幡神が神輿で到来したのが最初。

▼幣帛　神にささげる供え物。御幣《ごへい》、幣ともいう。次ページ『年中行事絵巻《ねんじゅうぎょうじえまき》』参照。

▼童謡　事件や異変を予兆《よちょう》し、また風刺《ふうし》する古代の歌。

▼八幡大菩薩　もっとも早い神仏習合神。本来は豊前国宇佐地方に出現した八幡神が、七四九(天平勝宝元)年に奈良に入京し、大仏の守護神となり、七八一(天応《てんのう》元)年には仏教保護、護国の神として大菩薩の号を贈られる。

●『年中行事絵巻』京都における祭礼。人びとは幣帛《へいはく》をささげ、神輿《みこし》をかついでいる。

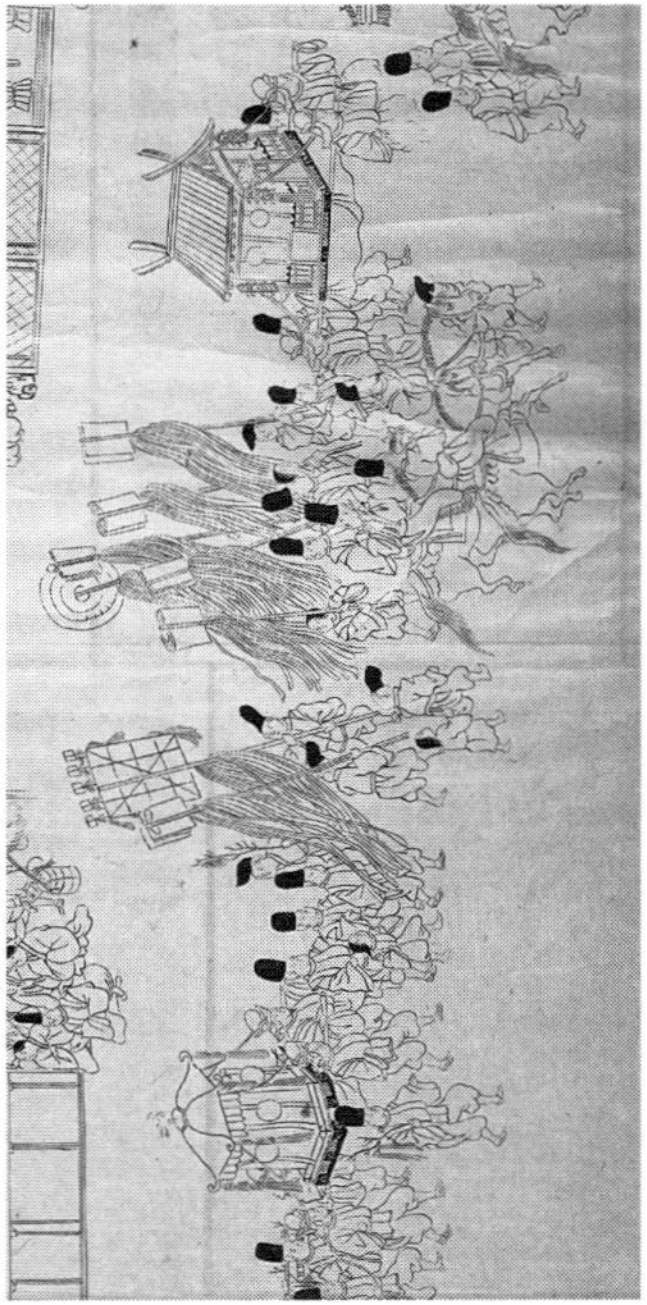

しだら打てば、牛は湧きぬ　鞍《くら》うち敷け　さ米負せむ

反哥(歌)

朝より　蔭は蔭れど　雨は降る　さ米こそ降れ

富はゆすみ来ぬ　富は鎖懸《くさりか》けゆすみ来ぬ　宅《やけ》儲けよ　烟《けむり》儲けよ　さて我らは千年栄えて

この童謡の初めに「月は笠着る　八幡種蒔く　いざ我らは荒田開かむ」という行がある。「月が笠を着ているから明日は雨であろう。明日は八幡神が種を蒔く。さあわれらもみなで荒田を開こう」。訳するとこんな感じであろうか。ここにみえる八幡神は古代の人びとから恐れられた、あらぶる神とは異なり、人びとともに田を開く主体となっている。人にめぐみをもたらす鎮守の神というべき存在に変身している。

河音能平は「自在天神」から「宇佐宮八幡大菩薩御社」に主体がすりかわったのは山崎《やまざき》の時点であり、本来、「八幡種蒔く」は「天神種蒔く」であり、雷、雨の神天神《てんじん》がこの行にふさわしいと述べている。「自在天神」は菅原道真《すがわらのみちざね》の霊と注記されており、祟り神すなわち「御霊《ごりょう》」である菅公《かんこう》の霊と自在王菩薩と天神が習合《しゅうごう》し、人びとにめぐみをもたらす福神に変化したのである。

平安時代の初め、怒れる御霊は疫神《えきしん》と結合して、神となった。人が神となる道は、戦国時代末の織《お》田《だ》信長《のぶなが》や豊臣秀吉《とよとみひでよし》、そして徳川家康《とくがわいえやす》の霊にいたるまで、祟りをなす御霊となる道しかなかった。御霊はそれまでの自然神と結合し、仏教はこのあらぶる神々を救済する方法として神仏習合▲を進めていった。若《わか》狭《さ》比《ひ》古神《このかみ》は「此の地はこれ吾が住処なり、吾、神身を禀《う》け、苦悩甚だし、仏法に帰《き》依《え》し、以《もっ》て神道《しんとう》を免れんと思う、この願い（仏教による救済）を果たすことなくんば、災害をいたさむのみ」と託宣して神宮寺《じんぐうじ》神願寺《しんがんじ》▲ができたという。災害のみいたすあらぶる神々は仏教に帰依し、怒れる神の顔と慈悲に満ちた仏の顔をもつようになった。

平安時代の大開発によって形成された荘園的世界は、それまでの不安定な集落とは異なり、今日の集落につながる安定した集落を出現させた。災害のみをもたらしてきた神＝自然は、水などのめぐみをもたらす存在として村落の中心におかれ、慈愛に満ちた菩薩や仏の顔を前面にだすようになったのである。

平安時代におけるホタルの出現は、自然と人間の開発が一定のバランスを獲

▼神仏習合　日本古来の神と外来宗教である仏教とを結びつけた信仰。神と仏を一体とする本《ほん》地《じ》垂《すい》迹《じゃく》説が平安時代に流行し、寺院に神がまつられたり、神社に神宮寺が建てられたりした。

▼神宮寺神願寺　神社に付属して建てられた寺院。神仏習合思想の現れで、社僧が神社の祭祀を仏式で挙行した。

得し、継続的・安定的な集落、すなわち荘園村落、「里山」の登場と対応したものと考えられる。ホタルの光を人の魂、それも麁霊《あらたま》▲ではなく、和霊《にぎたま》▲として認識するようになったのは、これまで述べてきたような自然環境の変化と開発の結果生まれた里山的世界観の形成がその背後にあると考えられる。

環境歴史学からみた大分の磨崖仏

大分県は日本一の石造物《せきぞうぶつ》の宝庫である。石塔《せきとう》・石仏《せきぶつ》の多様性や量はもちろんであるが、なかでも磨崖仏《まがいぶつ》の質と量が群をぬいている。県南部の臼杵《うすき》には国宝・国の特別史跡に指定された臼杵磨崖仏があり、大分市域から豊後大野市・臼杵市域にかけて、平安時代末期の磨崖仏群が点在する。また、県の北部にも多くはないが、磨崖仏があり、国東半島の熊野《くまの》磨崖仏がこれらを代表する。

造立年代については、美術史の研究では、最大の磨崖仏群、臼杵石仏を、十一世紀末から十二世紀末あるいは十三世紀初頭とする説があり、近年行われた保存・修復事業にともなう発掘でも十二世紀半ばから十三世紀初めの遺物がでており、おおむね時期ははずれてはいない。かつては中国の石窟《せっくつ》寺院、韓国の

▼**麁霊**　荒々しい心、魂。

▼**和霊**　柔和・精熟などの徳を備えた神霊または霊魂。

石仏との関係を強調する見解もあったが、六世紀から七世紀に隆盛する大陸の磨崖仏とは時期が五〇〇年以上も隔たっている。臼杵の磨崖仏も飛鳥《あすか》時代に流行した古式の裳懸座《もかけざ》▲の上に如来が座しているが、今日では、これは平安末期の造像活動のなかで模索された復古的な様式であるという見解が有力である。それでは、平安時代後期、この地域に、なぜこのように多くの磨崖仏が造立されることになったのであろうか。

仏像の素材にはさまざまなものがある。日本では、朝鮮半島から仏像が伝えられたとき、金銅仏が多かったが、その後、中国から乾漆像《かんしつぞう》▲や塑像《そぞう》▲などの仏像が伝えられ、奈良時代には、金銅仏《こんどうぶつ》・乾漆像・塑像・木彫像《もくちょうぞう》などがつくられた。しかし、平安期にはいると、仏像は木彫仏、それも一木《いちぼく》と呼ばれる一本の木から彫りだす仏像が主流となる。これは神仏習合の影響と考えられる。日本では、神は山や森にやどり、木が神木《しんぼく》として憑代《よりしろ》▲となることが一般的であり、神やどる木としての神木から仏像を彫りだすことによって神と仏は結ばれることになったと考えられる。

磨崖仏もそのような視点からみる必要がある。磨崖仏は岩を彫りきざみ仏を

▼**古式の裳懸座**　法隆寺釈迦三《しゃかさん》尊像《ぞんぞう》にあるような裳をかけた仏像の台座。蓮華座《れんげざ》に比べて古い形式といわれている。

▼**乾漆像**　乾漆（塊状《かいじょう》化した漆《うるし》液）でつくった彫像。中国から伝えられ、奈良時代にもっとも盛行した。興福寺《こうふくじ》阿修羅像《あしゅらぞう》などが有名。

▼**塑像**　粘土でつくった像。木で心をつくり、藁《わら》などをまきつけ、これに土をつけて像の形をつくり、表面は細かい土で仕上げる。天平時代に流行した。

▼**憑代**　神霊が招きよせられ乗り移るもの。樹木・岩石・人形などの有体物で、これを神霊のかわりとしてまつる。

つくっており、単体の石仏とは異なり、それは岩盤と結合したままである。国東半島にある熊野磨崖仏はそのような岩盤との一体感を強く感じさせる仏である(扉の写真参照)。田染盆地の南の山中にある磨崖仏は、鬼が一夜にして積み上げたという急な石積みの階段を登り詰めると、そそり立つ岩壁に、その堂々たる姿をわれわれの眼前にあらわす。

左に八メートルほどの不動明王《ふどうみょうおう》、右に七メートルほどの大日如来《だいにちにょらい》が彫られている。どちらも半肉彫りの浅い彫りではあるが、顔の部分はみごとな立体感をもち表現されている。にもかかわらず、下に向かうにしたがって彫りは浅くなり、印《いん》を結ぶ手、剣をもつ手は、ほとんど確認できず、グラデーションをかけていくようにしだいに薄くなり最後はみえなくなる。これについては、これまで、下のほうは岩盤の質が悪いために彫れなかったか、彫っても崩落してしまったという見方が有力であった。

しかし、そうであろうか。私には、磨崖仏は岩盤からヌーとその姿をあらわしたようにさえみえる。熊野の彫り方は岩と仏の一体感を強調する技法と思えるのである。磨崖仏の横には熊野権現《くまのごんげん》▲が鎮座するが、この山にやどる熊野の神

▼**熊野権現**　熊野三所《さんしょ》権現ともいう。熊野を「ゆや」とも訓む。熊野三社の主祭神としてまつられる本宮《ほんぐう》の家都御子神《けつみこのかみ》、新宮の熊野速玉神《はやたまのかみ》、那智《なち》の夫須美神《ふすみのかみ》の三柱《みはしら》の神々の総称。

▼**山王権現**　日吉神社・日枝《ひえ》神社の祭神オオヤマクイのこと。古い山岳信仰に源を発し、最澄《さいちょう》が天台宗の護法神として建立。神仏習合の形をとって発展した。延暦《えんりゃく》寺《じ》の守護神でもある。

▼**丹生津姫**　和歌山県伊都《いと》郡かつらぎ町にある丹生津比売神社の祭神。水銀の神といわれる。空海《くうかい》が高野《こうや》山金剛峰寺《こんごうぶじ》を創建するにあたり、丹生津比売を高野山の守護神とした。

が仏として姿をあらわしたのが磨崖仏にほかならない。

臼杵においても山王《さんのう》権現▲が磨崖仏群の一番奥の山上に鎮座し、磨崖仏のある深田は丹生津姫《にうつひめ》▲をまつる信仰の山姫岳《ひめだけ》の尾根の先端に位置する。大分市元町《もとまち》や岩屋寺《いわやでら》の磨崖仏の上には、国府《こくふ》▲の総社《そうじゃ》▲があり、その場所は高崎山《たかさきやま》の尾根の先端に位置している。豊後大野市三重《みえ》町の菅尾《すがお》の石仏は熊野権現を示す五体の仏像と理解され、大分市高瀬《たかせ》の磨崖仏群は、すぐ近くにある山王社の権現として彫られたと考えられ、信仰の山、霊山《りょうぜん》の裾野に位置する。これらはその背後にある山の神をまつる神社の権現、すなわち神が仏の姿をしてあらわれたことを具象化したものと考えられるのである。ここでは木彫の仏像ではなく、なぜ石それも岩盤と結合した磨崖仏である必然性があったのだろうか。

それはこの磨崖仏を造立した主体の信仰と深くかかわっていたと考えられる。磨崖仏を誰が造立したかを記録した史料や銘文はいまだ確認されていない。しかし、これまでの研究で、臼杵市、三重町の菅尾・緒方《おがた》町の宮迫《みやさこ》・朝地《あさじ》町の普《ふ》光寺《こうじ》(いずれも豊後大野市)の磨崖仏の造立は平安時代末期に大分郡・大野郡・海《あま》部《べ》郡・直入《なおいり》郡に蟠踞《ばんきょ》した豊後大神《おおが》氏▲がその主体であったことは明らかにされて

▼**国府**　律令制下、地方支配の拠点として各国に設置した役所。国司《こくし》らの執務施設である国衙《こくが》を中心とした都市的空間のことを国府と呼んだ。ただし、都の条坊制のような都市計画が施行された確証のあるものはほとんどない。

▼**総社**　惣社とも書く。一国内の神社の祭神を一カ所に合祀した神社。国司が国内の神社を巡拝するかわりに国衙近くに合祀したものといわれる。

▼**豊後大神氏**　平安時代末期にかけて豊後南部を拠点としていた豪族集団。源平合戦《げんぺいかっせん》期では源氏方《げんじがた》に味方するも、その後は源義経《みなもとのよしつね》に加担した咎《とが》により源頼朝《よりとも》によって没落した。臼杵磨崖仏などは豊後大神氏の造営であるといわれ、彼らの経済力・文化水準の高さを感じさせる。

いる。そう考えると、国東の熊野磨崖仏も山香郷《やまかごう》と田染郷の境目に位置し、山香郷の郷司《ごうし》は豊後大神氏の一流であることに気がつく。

大神氏はかつては、宇佐八幡宮▲の神官大神氏の同族という説があったが、現在では、豊後介大神良臣《ぶんごのすけおおみわのよしおみ》の子息庶幾《これちか》が大野郡領▲となり、その子惟基《これもと》が豊後大神氏の始祖となったとする説が有力である。大神氏はもともと大和大神社《やまとおおみわしゃ》▲の神官の一族である。その信仰は三輪山《みわやま》▲を神体としてまつる山の神信仰であり、神は時に大蛇としてその姿をあらわした。今日伝えられる豊後大神氏の系譜の多くは、姥ヶ岳《うばがたけ》に棲む大蛇が里の姫花本《はなもと》と交わり生まれたのが、「あがり大太《だいた》」と呼ばれる始祖惟基であるとする。

この伝説はすでに『平家《へいけ》物語』▲の緒環《おだまき》に収録され、治承《じしょう》・寿永《じゅえい》の乱《らん》で九州に下《げ》向《こう》した平氏《へいし》を攻撃し追いつめた英雄緒方惟栄《これよし》▲（維義）の強さの根元を説明するため、彼を姥ヶ岳の大蛇「恐ろしき者の末」とする。惟基の母は夫である姥ヶ岳明神の化身である大蛇から「はらめる所の子は、男子なるべし、弓矢打ち物を取っては、九州二島に肩を雙《なら》ぶる者あるまじきぞ」と伝えられ、惟基が生まれた。緒方惟栄はこの惟基の再来であった。

▼**宇佐八幡宮**　大分県宇佐市にある神社。祭神は八幡神（応神《おうじん》天皇）・比売神・神功《じんぐう》皇后。全国八幡宮の総本社。

▼**大野郡領**　豊後南部の大野郡における郡司のこと。

▼**大和大神社**　奈良県桜井《さくらい》市三輪山にある神社。祭神は大物主《おおものぬしの》大神《おおがみ》。

▼**三輪山**　奈良県桜井市にある山。

▼**『平家物語』**　軍記物語。平家一門の栄華とその没落・滅亡を描き、仏教の因果応報《おうほう》・無常観《むじょうかん》を基調とした叙事詩《じょじし》。

▼**緒方惟栄**　豊後大神氏一族で豊後国緒方荘の住人。治承・寿永の乱では源氏方に味方するが、その後は鎌倉幕府から源義経に加担した咎により上野国沼田荘《こうずけのくにぬまたのしょう》に配《はい》流《る》された。

緒方惟栄の館があった豊後大野市緒方町の宮迫磨崖仏は十二世紀後半に活躍した惟栄の時代に造立されたとみられている(次ページ上写真参照)。宮迫には東西に磨崖仏の岩屋があるが、宮迫の宮とはこの小さな谷の上にある緒方荘▲の一《いちの》宮《みや》八幡宮のことである。緒方荘の一宮・二宮《にのみや》・三宮《さんのみや》は緒方惟栄によって現在の場所に勧請されたといわれる。一宮は祖母山《そぼさん》(姥ヶ岳)の尾根が緒方盆地に突きでた先端に位置する。その一宮の直下には二宮があり、二宮の鳥居は原尻《はらじり》の滝(次ページ中写真参照)の上の緒方川の川中に建っている。三宮は緒方川の支流の軸丸《じくまる》川が盆地にでるところの高台にある。

緒方川は豊後最大の河川大野川の大規模な支流の一つであり、その水源は祖母山にあり、竹田《たけた》市の穴森《あなもり》八幡宮▲には姥ヶ岳の大蛇の棲んだという大きな洞窟《どうくつ》がある。この洞窟からは水が激しく流れだし、緒方川の源流となっている。大蛇とは緒方川、さらに大野川の水神ともいえる。緒方荘の一宮八幡宮は祖母山と里(緒方盆地)の境界に位置し、ここには原尻の滝があり、この滝上には、緒方下井路《したいろ》と呼ばれる、緒方盆地の幹線水路の取水口がある。現在は、河岸段丘の上をとおる水路が緒方盆地最大の水路となっているが、江戸時代以前は、こ

▼**緒方荘**　大分県豊後大野市にあった宇佐八幡宮領の荘園。

▼**穴森八幡宮**　大分県南部を流れる緒方川の源流にある神社。

●—豊後大野市宮迫東磨崖仏

●—原尻の滝

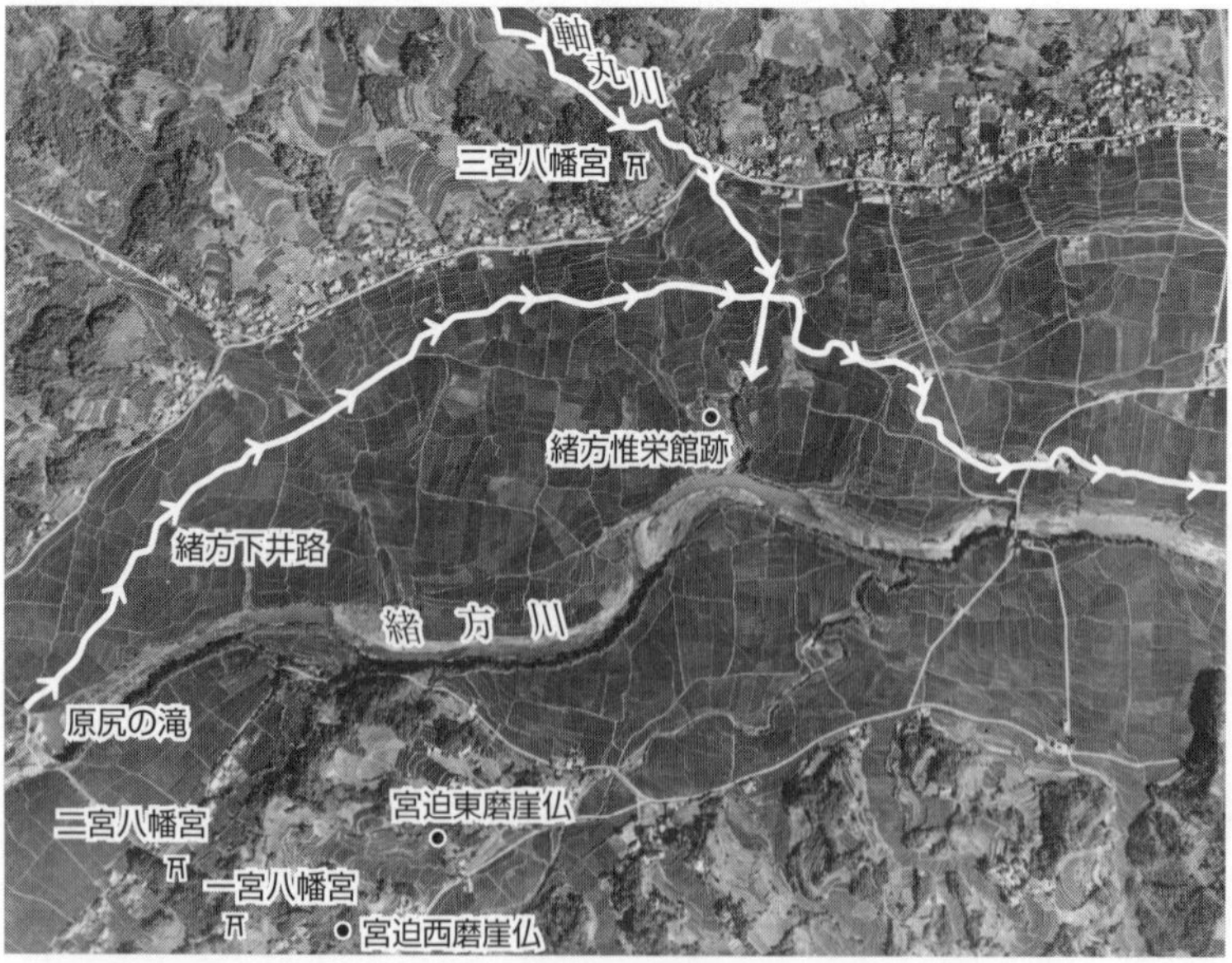

●—昭和23年の空中写真（豊後大野市緒方町原尻・上自在・下自在・久土知・知田）　白の矢印は緒方下井路，⛩印は神社。

の河岸段丘斜面の下をとおる緒方下井路は軸丸川の水をあわせて、緒方条里の水のほとんどをまかなっていた。人びとは、一宮・二宮・三宮の神社を里に水をもたらす水神と意識し、その現実のめぐみを仏の慈愛の象徴である磨崖仏をみて実感したと考えられる。

環境歴史学からみた出雲大社

最近、私は大学の仕事の関係で島根県に毎年のようにでかけている。そのおかげもあって何度も出雲大社《いずもたいしゃ》に参拝する機会をえた。はじめて出雲大社に参拝したとき、たいへん不思議な感覚をもった。大社の町を横切る堀川を渡って一の鳥居をとおり、参道を進むと大鳥居に向かって少しのぼり勾配となっている。大鳥居をぬけ、境内地に足を踏みいれると、参道はいきなり降り勾配となり、どんどん谷の底へおりていく。小さな川を渡ると、その前に出雲大社の巨大な社殿がみえてくる。神社といえばほとんど山や高台にのぼるという感覚をもっていた私には鳥居からさがって社殿にいたった経験はそれがはじめてであった。

二〇〇〇(平成十二)年の春、出雲大社では大発見があった。社殿と拝殿のあ

●——二〇〇〇年に発掘された巨大な柱材　出雲大社の八足門と拝殿のあいだで三本に束ねられた直径一・三五メートルの宇豆柱《うずばしら》が発見された。

▼**宇豆柱**　大社造《たいしゃづくり》の外側の中央にある太い丸柱。

▼**心御柱**　大社造の中心にある丸柱。岩根御柱《いわねのみはしら》ともいう。

●——**出雲大社本殿復元模型**（平安期）

▼**本居宣長**　一七三〇～一八〇一年。国学《こくがく》思想の形成によって後世に強い影響をあたえた江戸中期の国学者。

いだから発掘によって巨大な三本の柱を束ねた神殿の宇豆柱《うずばしら》▲とみられるものが出土した。その年の秋、私は出雲大社でその柱を目の当たりにした（前ページ写真参照）。さらに翌年九月、とうとう心御柱《しんのみはしら》▲（宇豆柱と同様に三本組み、直径三メートルほど）が発見され、天高くそびえる神殿が現実のものとなった。

出雲大社には、平安時代末のものと推定される「金輪御造営差図《かなわごぞうえいさしず》」という本殿《ほんでん》指図《さしず》が残る。三本の柱を鉄輪《かなわ》で縛った巨大な柱を描いた平面図である。まさに今回発見された柱とまったく同じものであった。本居宣長《もとおりのりなが》▲は『玉勝間《たまかつま》▲』のなかで、この図を世にはじめて紹介した。出雲の口伝《くでん》では、上古三二丈（約九六メートル）、中古一六丈（約四八メートル）、その後八丈（約二四メートル）と伝えられる壮大な建造物であったという。平安時代の『口遊《くちずさみ》▲』という書物には、「雲太、和二、京三」と記され、雲太すなわち出雲大社が第一、東大寺大仏殿《とうだいじだいぶつでん》が第二、京都の大極殿《だいごくでん》が第三と、当時日本最大の規模（高さ）を誇る建造物といわれる。かつて、建築史の福山敏男は平安時代の四八メートル規模の建物の存在を前提に復原図を作成し、出雲大社の壮大な建物のイメージをふくらませた。

今回の柱の発見は、空中本殿が現に存在したのかについてのあらたな議論を巻き起こしているが、今回の論争も、かつての論争も本殿の高さに目を奪われ、なぜ出雲大社の本殿が高い建造物になる必要性があったのかという重大な問題を欠落させているように思える。神社の建築は、祭神と無関係ではなく、出雲大社の性格が本殿の構造と関係した可能性を無視してきたのではないか。

前項までのなかで、古代から中世の神社について環境歴史学の視点から論じてきたが、神社の本質は、自然界と人間界の境界に建ち、神と人が交信する場となっていることである。それゆえに、水源と認識される場所に神社が建てられることが多かった。しかし、もう一方で、神社が排水点に立地することを義江彰夫は指摘している。

最近、義江は更埴《こうしょく》条里《じょうり》遺跡・屋代《やしろ》遺跡群の一連の調査成果を基礎に四世紀から九世紀の豪族《ごうぞく》の開発と環境管理と地域支配をめぐる問題を究明した論文を発表した。記録や古墳の分布や屋代遺跡出土木簡▲などの検討によって、埴科《はにしな》郡領（評督《ひょうとく》）▲さらに郡司となった金刺舎人《かなさしのとねり》氏▲の拠点となる屋代と雨宮《あめのみや》両村（いずれも現、千曲市）にある屋代須々岐水《やしろすすきみず》神社と雨宮坐《あめのみやにます》日吉《ひえ》神社の存在に注目した。この二つの神社では、国造踊《こくぞうおどり》という神事《しんじ》や祭礼のなかに、「郡領金刺舎人真長」

▼**『玉勝間』**　本居宣長の随筆集。一七九三（寛政《かんせい》五）年から執筆し没年まで書き続けた。宣長晩年の人生・学問・文学観を知るのに好適な史料。

▼**『口遊』**　源為憲《ためのり》が為光《ためみつ》の子松雄《まつお》の手習い本として起草した教科書。教養として承知しておくべき文句などを所収。

▼**屋代遺跡出土木簡**　一九九四（平成六）年長野県更埴市（現、千曲市）の屋代遺跡で出土した木簡。木簡の点数は一三〇点にのぼり、七世紀後半から八世紀初頭の地方における行政組織や支配関係を示している。

▼**評督**　評は「こおり」と訓み、郡の前身である七世紀の地方行政組織で、督はその長官職。

▼**金刺舎人氏**　神武《じんむ》天皇の皇子を祖とする科野国造家《しなののこくぞうけ》の分流が、金刺舎人を姓として伊那《いな》郡・諏訪《すわ》郡の郡司および諏訪下社《しもしゃ》の神官を世襲する一族。

「大領正長殿」が登場し、金刺氏と神社の密接な関係を今日に伝えている。義江は、この二つの神社がその位置から屋代用水の取水と排水を管理する神として金刺舎人氏によってつくられたと考え、『常陸国風土記』にみられる夜刀神と同じく、千曲川の災害をおそれ、自然との境界に祭祀した神社と位置づけた。九世紀末の仁和《にんな》の大洪水で、金刺舎人氏によってつくられた条里のシステムは破壊され、十世紀以後、金刺舎人氏も支配者としての地位から没落するが、その後の条里の再開発においてもこの神社は重要な位置を占め、金刺舎人氏の伝承は神事のなかに生き続けたというのである。

すでに述べてきたように、私も早くから神社と水路の関係に注目して自然環境と開発の関係を考察してきた。義江の論法は私の方法と共通するものであり、考古学的成果と現水利体系、そしてその要となる神社の神事とがみごとにかみあい、災害と開発の関係を明らかにできる好事例といえる。

さて、出雲大社の立地に注目してみよう。山陰《さんいん》地方には、ラグーン（潟湖《せきこ》）と呼ばれる湖や池が点在する。出雲地方にある宍道湖《しんじこ》や中海《なかうみ》はまさに潟湖の典型である。出雲平野は斐伊《ひい》川が大量の土砂を運び、入り海を埋めて形成された平野である。宍道湖は斐伊川が運ぶ土砂の長年の堆積活動によって、海と切り離され、現在のような形になった。斐伊川は現在、出雲平野の中央を流れ、やがて東に向かい宍道湖側にそそいでいるが、かつては、堤防もない川はいくつもの流路をもち、七三三(天平五《てんぴょう》)年に成立した『出雲国風土記』▲によれば、つぎの記述にあるように、その主河道は西側の神門《かんど》水海にそそいでいた。

出雲大川、源は伯耆《ほうき》と出雲との二国の堺なる鳥上山《とりかみやま》より流れて、……出雲郡の堺なる多義《たぎ》村に出で、河内《かわち》・出雲の二郷を経て北に流れ、更に折れて西に流れ、即ち伊奴《いぬ》・杵築《きつき》の二郷を経て神門水海に入る。此は謂《い》はゆる斐伊の河下なり。河の両辺は、或は土地豊沃《こ》えて、五穀《たなつもの》、桑・麻《あさ》稔りて枝を頗け、百姓の膏腴《ゆたか》なる薗なり。或は土体《つち》豊沃えて、草木叢《む》れ生ひたり。即ち、年魚《あゆ》・鮭・麻須《ます》・伊具比《いぐひ》・魴《なよし》・鱧《はむ》等の類ありて、潭湍《ふちせ》に雙《なら》び泳げり。

河の口より河上の横田の村に至る間五つの郡の百姓は河に便《よ》りて居めり。

「神門水海」とは出雲平野の西にあった潟湖であり、その一部分は、神西湖《じんざいこ》として残っている。当時の神門水海は周囲三五里七四歩(一八・八キロ)と現在の神西湖の一〇倍以上の面積があった。風土記では、長さ二二里二三四歩(一二

▼**『出雲国風土記』**　七一三(和銅六)年の詔《みことのり》に基づき、出雲国における風土・物産・伝承などを述べる。『古事記』や『日本書紀《にほんしょき》』にみえない出雲地方の神話も含まれている。

キロ)、広さ(幅)三里(五〇〇メートル)の砂州《さす》状の山があり、意美豆努命《おみずぬのみこと》の国引き▲の綱といわれ、地元の人は「薗松山《そののまつやま》」といっていた。この潟湖は現在の荒木《あらき》・浜山《はまやま》の南まで達しており、この潟の北側に出雲大川(斐伊川)が流れ込み、その南に神戸《かんど》川が流れ込んでいた。出雲大川の北に流れている部分は現況とおおむね変更はなかったが、武志《たけし》の南付近で西に流れ、新内藤《しんないとう》川のルートを西南へ向かい、神門水海にそそいだという説が有力である。

出雲大川は肥沃な土地と豊富な魚資源を育てる河として描かれているが、その一方で、八俣《やまた》の大蛇《おろち》▲のように、洪水でこの豊かさを破壊する顔ももっていた。出雲平野の開発の歴史は、肥沃な土地を利用するためにも、水の確保というより、この斐伊川の水をいかに排水するかが最大の課題であった。

『古事記《こじき》』▲は八俣の大蛇を退治した神として須佐之男命《すさのおのみこと》を登場させる。その六世孫が大社の祭神大国主命《おおくにぬしのみこと》(別名、大穴牟遅神《おおなむちのかみ》、葦原色許男神《あしはらしこおのかみ》、八千矛神《やちほこのかみ》、宇都志《うつし》国玉神《くにたまのかみ》)である。この系譜のなかには、淤迦美神《おかみのかみ》の女《むすめ》日河比売《ひかわのひめ》を娶って生んだ子に深淵之水夜礼花神《ふかふちのみづやれはなのかみ》、この神の子に淤美豆奴神《おみずぬのかみ》など水の神たちがいる。水をつかさどる淤迦美神の娘日河比売は斐伊川の神と思われ、孫の淤美豆奴神

▼**意美豆努命の国引き**　出雲国の神話。大国主命の祖父にあたる出雲の祖神で、それまで平地がほとんどなかった出雲に、朝鮮半島や能登《のと》半島からあまった土地を切りとり、引きよせ、つなぎあわせて島根半島をつくりあげたという話である。

▼**八俣の大蛇**　出雲国の神話。簸《ひ》川の上流にいた頭尾が八つある大蛇。須佐之男命がこれを退治して櫛名田比売《くしなだひめ》を救い、尾を割くと天叢雲剣《あめのむらくものつるぎ》をえたと伝える。

▼**『古事記』**　現存する日本最古の歴史書。稗田阿礼《ひえだのあれ》が天武《てんむ》天皇の命で暗誦していた『帝紀《ていき》』および『旧辞《きゅうじ》』を、太安万侶《おおのやすまろ》が元明《げんめい》天皇の命により記録したもの。

●──出雲大社の前の水田（「出雲大社幷神郷図」）

も水神とみられ、出雲神話で国引き神として登場する意美豆努命と同一であり、この孫が大国主命となる。大国主の名の変化も蛇神（水神）、開拓神、武神、美しい国神、大国主と出雲国の成立過程を示すものとも解せるのである。このように考えると、出雲大社の神は、本来、大蛇すなわち水神であったとみられる。

出雲大社の西方には古地形環境からみても低地があり、巨大な浜山にも阻まれ、杵築や伊奴の郷を潤した排水がたまり、浜山の東北には近世の初めまで菱《ひし》根池《ねいけ》という大池があったが、一六〇二（慶長《けいちょう》七）年に小山《こやま》村の土豪《どごう》であった三木《みき》家がこの池の排水路（堀川カ）をつくり、新田開発に乗りだし、やがて池は消滅していく。菱根池は鎌倉時代に描かれた出雲大社の絵図には明確にはみえないが、出雲大社の前には水田が描かれている。この水田は、大社の裏山からの水を利用したものであるが、菱根池側からの悪水と大社の裏山からの水は、洪水などのときには大社付近の低地の排水を困難な状況にしたことが容易に察せられる。

現在、この方面の悪水は、大社町の町中をぬける堀川によって排水されているが、堀川は人工的に砂丘面を掘りぬいた川である。絵図でみるかぎり、鎌倉

●—「杵築大社近郷絵図」　江戸時代初期の出雲大社の周辺図。絵図の画面の右，大社境内の東の端には，出雲平野の北部の悪水が集まる菱根池とその水を排水する堀川が描かれている。

●—「天保杵築惣絵図」　幕末の大社周辺のようすが描かれている。大社の町が砂丘上に展開し，その南側を堀川がぬけている。大社境内が北の山系と砂丘のあいだに挟まれた低地にあることがわかる。

時代にはまだ堀川は存在しておらず、古河と呼ばれるルートで海側へ排水されていたと考えられる。

このような出雲大社の地形環境を考えたとき、大社の境内付近は、西から排水が集まる場所となり、洪水が起こったときは境内は冠水し、満潮時に重なれば、海側へ排水ができず、菱根池の水はあふれ、境内は湖のような状態になったと考えられる。出雲大社は大鳥居から十数メートル下にあり、通常の社殿であれば水没してしまったはずである。出雲大社がなぜ高い社殿を建設する必要があったのか。それは厳島《いつくしま》神社と同じく、社殿が水のなかに浮かぶことを想定し、建造されたからではなかろうか。

「金輪御造営差図」には、一町におよぶ引き橋の存在が記されている。福山はこの橋を巨大な階段と想定し、四八メートルの高殿を描いた。高さ四八メートルが真実かは別として、水没した神殿にいたるには、砂丘上から橋をかけるのがよい。ここで、出雲の水の神に対して、すみやかに水が引くことを祈るのである。出雲大社はまさに斐伊川の悪水の排水点に立地し、そのコントロールを神に祈る場所であったと考えられるのである。

里海の成立

環境歴史学のこれまでの対象は水田生産を中心とした農村に目が向けられており、海を生業の場とする漁村をその範疇に十分いれることはなかった。しかし、自然と人間との交流の歴史という意味では、海は重要な場所である。ここでは、内海としての瀬戸内海のとくに大分周辺の海の歴史をこの環境歴史学の立場から再検討することにしたい。

豊後国《ぶんごのくに》は東側がすべて瀬戸内海に接し、古来、海とともに生きる人びとが多く住む国であった。すでに『豊後国風土記』▲の海部《あまべ》郡の項に「この郡の百姓はみな海辺の白水郎《あま》なり、よりて海部郡という」とあり、大分の海岸線の南半分を占める海部郡は百姓がすべて海民で占められていたことが知られる。

また、同『風土記』の速見《はやみ》郡の項では、景行《けいこう》天皇が九州にはいったとき、海部郡の宮浦《みやのうら》に住む速津媛《はやつひめ》が速見郡(現、杵築《きつき》市日出町・別府《べっぷ》市旧湯布院町)の土蜘蛛《つちぐも》▲二人と直入《なおいり》郡(現、竹田市)の土蜘蛛三人の情報を知らせ、土蜘蛛退治に協力し、速津媛国という名がつけられ、これがのちに速見郡と変わったという話が記録されている。これは速見郡も海部▲の女性首長《しゅちょう》の支配を受けていたことを示して

▶**『豊後国風土記』** 七一三(和銅六)年の詔に基づき、豊後国における風土・物産・伝承などを述べる。

▶**土蜘蛛** 神話伝説で、大和《やまと》朝廷に服属しなかったという辺境の民の蔑称。

▶**海部** 古代の大王《おおきみ》に仕えた職業部の一つ。海産物の貢納と航海技術を活かした輸送で奉仕。

おり、この海部・速見両郡一帯は古墳時代から海部の首長の支配を受ける海民の活躍する地域であったといえる。

海部郡(現、大分市の一部・臼杵市・津久見《つくみ》市・佐伯《さいき》市)の人びとの直接の生活基盤は、海藻や貝類や魚などの捕獲・採集に依存しており、とくにこれらを贄《にえ》▲として朝廷に献納することが海部の役割の一つであった。臼杵の海部の古墳からは女性首長の骨が発見されている。その頭骨の耳の部分は、水圧による変形が認められるといい、首長そのものが海にもぐる海女であったとみられる。

また、海部地域の古墳からは鉄挺《てってい》などの鉄製品の原料や、鉄製品の出土する量が非常に多い。別府大学の構内遺跡から出土した弥生《やよい》時代末の住居址でも鉄製品の出土量が通常の集落より異常に多く、加えて巨大な漁労用具のヤスが出土している。これらの事実は海民の基盤は漁労採集という面だけではなく、交易活動の部分にもかなりの比重があったことを示している。

海部郡と速見郡には、吉備《きび》地方や日向《ひゅうが》地方を除くと西日本では、最大級の一二〇メートル級の前方後円墳亀塚《ぜんぽうこうえんふんかめづか》古墳(大分市)と小熊山《こぐまやま》古墳(杵築市)が存在する。これらは海を望む丘陵の上に築かれ、その巨大な石葺《いしぶき》の姿を海に向けてい

▼贄　朝廷または神にたてまつる土地の産物。とくに食用に供する魚や鳥などが主である。

るが、これらの古墳は海を航行する海部の人びとや他の海民たちにみえるように築かれ、その力を誇示する役割をもったともいえる。瀬戸内海は海部の人びとの生活の海であり、生産と生業の場としての原点はここに始まるが、このような古代の瀬戸内海を里海《さとうみ》といえるかは問題がある。

話は変わるが、さきにも述べたように『常陸国風土記』には、行方《なめかた》郡の西の谷の葦原を開発した二人の人物の話が収載されている。一人は箭括氏麻多智という人物で、夜刀神（マムシ）を打ち払い、田を開いて、山の口に標《しるし》の「梲《つえ》」を立て、堀を切り、「これより上は神の地と為すことを聴るさむ、これより下は人の田と作すべし」と宣言し、「冀はくは、な祟りそ、な恨みそ」といって社を建てたという。もう一人の壬生連麿は谷の奥に池をつくって百姓を動員して、田を開こうとしたところ、夜刀神はそれを阻もうとした。そこで麿は、神々は天皇の命令に従わないのだろうかといい、その命に従わないすべての生き物は打ち殺せと役の民に命じた。

これは海の話ではないが、麻多智の段階では、自然の象徴である夜刀神と水田を経営する人は谷に生活する同等のレベルの存在として、その領域を分けたが、暦の段階では、夜刀神を完全にねじふせ谷の支配を独占した。ここには、古代の人びとの自然への挑戦的姿勢を読みとることができる。

海の生き物への古代の人びとの観念を知る事例として、『出雲国風土記』意宇《おうの》郡《こおり》安来郷《やすぎごう》(現、島根県安来市)の話がある。娘を海岸で和爾《わに》(鮫)にくわれた語臣《かたりのおみ》猪麻呂《いまろ》が天神《あまつかみ》一五〇〇、地祇《くにつかみ》一五〇〇と出雲国に鎮座する三九九社の神と「海《わた》若等《つみたち》」(海神)に祈り、娘の敵を討つことを願ったところ、一〇〇匹の和爾が一匹の和爾を連行し、娘の敵をとることができたという話である。和爾の世界と人間の世界はここでも同等であり、娘が不当にくわれたことを怒った猪麻呂は神々に訴え、その和爾に償いをさせた。ここには荒々しい自然と正面から向きあい、これに挑戦する人の姿が読みとれる。このような世界では、くうかくわれるかの自然のルールのなかで人も生きており、いまだ共生の里海と呼ばれるような世界は生まれていない。

瀬戸内海の西の端に位置する豊国《とよのくに》(現、福岡県東部・大分県)には、ヤマト国家の西の国境地帯を守護する八幡神が鎮座する。この宇佐《うさ》八幡宮のもっとも重要な祭礼に放生会《ほうじょうえ》と呼ばれる法会《ほうえ》がある。放生は仏教の教義に基づき、殺生《せっしょう》を

●──放生会の蜷放ちの神事(大分県宇佐市和間)

▼**大隅隼人の反乱**　古代、南九州の住民に対して律令国家が用いた呼称。八世紀前半にしばしば反乱を繰り返してきたが、やがて八〇〇(延暦《えんりゃく》十九)年に班田制《はんでんせい》が施行された。

償う行為であり、これによって人びとは殺生の罪によって引き起こされる災害・病からの難を回避しようとした。放生会は、国境地帯を護る軍神、まさに殺す神としての八幡神が救う仏の要素を取り入れ、つくりだされた祭礼であった。

宇佐八幡宮の放生会は、七二〇(養老《ようろう》四)年の大隅隼人《おおすみはやと》の反乱▲の鎮定《ちんてい》と、それによって引き起こされるはずであった疫病の難を避けるために始められたという。祭礼は隼人との戦いの再現と隼人の霊がやどったという蜷《にな》と蛤《はまぐり》を海に放つという放生が主たる行事である。蜷などの貝を放生する形態がいつから始まったかは確定することはむずかしいが、生き物を自然に返す放生は隼人の乱直後に行われたことは確実である。

放生会が行われる和間《わま》は寄藻《よりも》川の河口部に形成されていた潟湖(江海《えうみ》)の出口に位置しており、江海は蜷や蛤などの貝類の宝庫であった。祭礼の八月一日から十五日の期間は「殺生禁断」が命じられ、海を生業の基盤とする海民は貝などの採取のみならず漁を休まざるをえなくなった。

仏教の流入による放生や殺生禁断の思想の定着は、自然へ挑戦的であった古代の人びとの自然観を大きく変化させていった。人は生きるために殺生を行うが、それを放生によって償い、そのむくいを回避する。また、時間や場所を限定して「殺生禁断」を行い、殺生の罪を軽減してもらう。人は自然のなかで、その恩恵を受け生かされているという仏教の思想は、自然から収奪するというだけではなく、めぐみを分けてもらうという共生の思想を含み込んでいた。

その意味で、日本における神仏習合の進展は、外来の神としての仏と在来の神の融合というだけでなく、人と自然の融和の過程でもあった。八幡神はみずから出家し、大菩薩として日本の荒ぶる神々を仏の世界へ誘う先導をつとめた。ことに、平安時代の中期以降には、放生会は八幡系神社以外にも普及し、殺生禁断の思想は全国に広がった。

たとえば、瀬戸内海では、広島県三原《みはら》市佐木島《さきじま》の向田野浦《むこうたのうら》の花崗岩《かこうがん》の岩礁に一三〇〇(正安《しょうあん》三)年に地蔵菩薩が彫られ、「東西南北各於一町　尽未来際殺生禁断」の銘がきざまれている。このような空間を限って、殺生を禁じる場合と、放生会のように期間を限定する場合があるが、これは仏教的な教義による禁断という面だけではなく、資源への保護という点が存在したことは確かであろう。

●—向田野浦の和霊石地蔵

●──厳島神社

▼『沙石集』　無住《むじゅう》が著わした鎌倉中期の仏教説話集。庶民世界の実話などに取材し、笑い話を交えながら教理を説く。

『沙石集《しゃせきしゅう》』▲という鎌倉時代の仏教説話集に安芸《あき》の厳島《いつくしま》神社に参籠《さんろう》したある上人《しょうにん》が不審に思ったことについての話が載せられている。厳島の神は本地が仏菩薩であり、慈悲を先として、人にも殺生を禁止しているにもかかわらず、海の魚が神社に供えられるのをみて、上人は不審に思った。すると、神が夢にあらわれ、「まことに不審であろう。あなたは因果の理《ことわり》を知らない。いたずらに命を奪って、浮かばれない者が神にお供えをしようという心で、その殺生の咎を神に譲って罪を軽くする。殺された生類《しょうるい》は寿命がつきていたずらにすてた命を神に供する因縁《いんねん》で、仏道にはいる方便《ほうべん》となる。だから神の力で、寿命のつきた魚を駆り集めたのである」とお告げがあったので、上人の不審が晴れたという。

中世における神仏の習合は、殺生を正当化する神とそれを禁断する法理をもつ仏教という相矛盾する考えが巧妙に融合されている。厳島神社は殺生禁断の論理をだすことによって、海の民をその信仰の傘下に組み込み、乱獲などの過剰な自然への収奪を抑制する役割をもったと考えられる。このような神仏習合の完成によって、自然と人間が共生する里海としての瀬戸内海が形成されたといえよう。

③—文化財学としての環境歴史学

圃場整備事業と荘園村落遺跡調査の登場

一九六二(昭和三十七)年、所得倍増政策▲を掲げる池田勇人《いけだはやと》内閣は全国総合開発計画を閣議決定した。この計画には、農山村にかかわる具体的方針の明記はなく、その開発方向はもっぱら都市域の発展に向けられていたといわれる。その具体的な整備例として、東京オリンピックを意識した首都高速道路網の整備や新幹線などがあげられるが、農山村問題は都市開発の連鎖反応として二次的な問題と認識されていた。

しかし、昭和三十年代(一九五五年から六五年)から始まる都市への若者人口の流入によって引き起こされる農村の過疎化は、農業就労者の減少という形であらわれ、農村では、農業経営への大型機械の導入、営農におけるモータリゼーションによって、農業労働の効率化をはかることが命題となっていた。ここに一九六三(昭和三十八)年には、圃場《ほじょう》整備事業が開始される。圃場整備とは、機械化にあわせて、それまでの一〇アールにも満たない小区画水田を三〇アー

▼**所得倍増政策**　一九六〇年代の安保闘争《あんぽとうそう》を核とする保守・革新の政争を、経済力の向上という共通の目的をスローガンとして解決しようとした池田内閣の経済政策をいう。

ルの大区画に整備することで、区画ごとに取水口・排水口を取りつけることを原則とした。それまでの用排水兼用の水路は取水路(用水路)と排水路に分離され、隣接の田をつなぐ田越し・田通し▲の灌漑《かんがい》システムは廃止された。

圃場整備事業は、当初団体営の圃場整備(土地改良区・市町村営二〇〜二〇〇ヘクタール規模)として始まったが、翌年の一九六四(昭和三十九)年には、県営圃場整備事業(二〇〇〜三〇〇〇ヘクタール)、六七年には、大規模圃場整備(三〇〇〇ヘクタール以上)へとしだいに大規模化していったが、事業の自己負担率が高いこともあって事業展開は急激には進まなかった。しかし、日本列島改造論▲を唱えた田中角栄《かくえい》内閣のもとで、一九七三(昭和四十八)年から土地改良長期計画が閣議決定されると、その規模と速度に拍車がかかり始めた。

整備事業の進展は、日本の伝統的農村景観を一変させていった。祖先が営々と築いてきた水田や畦道《あぜみち》や小川や林という景観は消え失せ、土壌や地層の特質、地下遺構、用水の流れ、歴史的地名ばかりではなく、村が伝えてきた伝承・慣行などのさまざまな情報も危機に瀕し始めた。一九七八(昭和五十三)年、長野県で開かれた地方史研究全国大会では、このような圃場整備の進行が地方史研

▼**田越し・田通し**　水路からの水を水田にかけるため、畦を切って取水口にしたり、樋《ひ》をとおすことで広範な水田一枚一枚を連結し灌漑していた。

▼**日本列島改造論**　田中角栄の主張。同名著書として日刊工業新聞社より出版。インフラ政策による経済向上を行うことで、国民生活の安定および向上を目的とした。開発のスローガンとなった。

究に危機をもたらすとして、「圃場整備事業に対する宣言」が採択され、事前調査の必要性とこれに対する国や地方自治体の取組みを訴えた。ここに日本の農民の営為の結果として残されてきた農村景観の価値についての議論がはじめて行われたのである。

すでに、一九六九(昭和四十四)年の佐藤栄作《えいさく》内閣が新総合開発計画▲を閣議決定した段階で、長期にわたる人間と自然の調和、自然の恒久的保護・保全や安全・快適な文化的環境条件の整備保全などが盛り込まれていた。国民休暇村や自然休養村などもこのような発想と軌を一にしていたが、そこではほとんど伝統的農村の保全や保護という問題は視野にいれられていなかった。東京オリンピック以後の日本では、都市開発のなかで起こる文化財的危機のほうにまず目が向けられ、一九六六(昭和四十一)年には、古都保存法《ことほぞんほう》▲が議員立法で成立した。一九七〇(昭和四十五)年には、奈良県明日香《あすか》村に京都・奈良・鎌倉《かまくら》の三都の市民運動のリーダーが結集し、古都保存は全国の歴史空間・風土の保存を集積したうえで成り立つものであるとして、全国歴史的風土保全連盟を結成した。

一方、地方都市でも、歴史的空間・風土の保全の動きが進み始めていた。長

▼**新総合開発計画**　景気が急激に上昇したことにより、「拠点開発方式」では地域格差などの諸問題を解決するまでにはいたらないことから、地域格差などの諸問題解決を目的とした開発計画。

▼**古都保存法**　古都における歴史的風土の保存に関する特別措置法の略称。一九六六(昭和四十一)年制定。日本の歴史上意義のある建造物や自然環境と一体をなしている古都の保存をはかるための法律。

●白川郷の合掌造

▼白川郷　岐阜県大野《おおの》郡白川村。この地方独自の民家である合掌《がっしょう》造《づく》りの集落が世界遺産に登録された。

野県南木曽《なぎそ》町妻籠《つまご》宿では、一九六八(昭和四十三)年には、地元住民や都市住民の連携のなかで、「売らない・貸さない・壊さない」という原則に基づく保全の憲章がつくられ、自治体や県もこれを後押しするようになり始めた。同じころ、山口県の萩《はぎ》市や岡山県倉敷《くらしき》市では、保存のための条例が整備された。一九七〇年代には、旅行ブームとあいまって、地方都市では町並み保存の動きが展開していった。

このように城下町《じょうかまち》・商人町《しょうにんまち》・宿《しゅく》などから発展した地方都市において、町並み保存の方向が明確に打ち出されていったが、同じ一九七〇年代、農村部では、農業基盤の整備に重点がおかれ、圃場整備の展開と観光農園などの都市交流の場づくりなどが最大の課題となり、伝統的農村への保全の視覚はほとんどみられなかった。文化庁も町並み保全の法的整備は進めたが、伝統的建造物群の指定は、農村では白川郷《しらかわごう》▲などの例を除くと基本的に単体であり、建物やその景観全体を含む視点は欠如していた。

ところで、考古学の分野は、一九六〇年代以降の高度成長のなかで、大規模な開発にともなう遺跡破壊の危機を訴え、遺跡の緊急調査の体制を確立し、埋蔵文化財の調査員を地方自治体に配置するようになっていった。圃場整備も大規模開発の典型であり、緊急の埋蔵文化財の調査が実施されたが、あまりにも面積が大きいこともあり、地下遺構の調査すら十分に行えたかは、とくに初期の段階ではあやしい部分もあった。したがって、圃場整備によって変貌していく、農村景観全体への配慮をした調査などはとても発想できる状態にはなかった。そのような村落全体に対する調査視点は、さきに述べたように、一九七八年の地方史全国大会において、地方史研究者からはじめて明確にされた。

一九八一(昭和五十六)年、このような動きを受けて、国東《くにさき》半島において、文化庁の補助事業として日本ではじめて圃場整備に対処する総合調査が開始された。それは最初の圃場整備事業が始まってから、一八年という歳月をへていたのである。

荘園村落遺跡調査から環境歴史学へ

国東半島荘園村落遺跡詳細分布調査では、圃場整備の対象である水田そのものを人の営みが刻み込まれた遺跡として認識し、その水田の営みのうえに成り立つ、村落そのものも生きている遺跡と考えた。調査を担当した一人である甲斐忠彦は荘園村落遺跡をつぎのように規定している。

「人々が起居、寝食する家屋(集落)、日常の糧を生産する農耕地やそこでの営みを保障する水利の体系、その周辺に点々と生き続ける伝統的な地名という名の遺物、個々の家の信仰の拠り所から村落レベルの信仰にまで重層的につながってゆく祭礼やその組織・信仰形態、およびそれぞれのベースとなる石塔《せきとう》・小堂祠《しょうどうし》・岩屋《いわや》・社寺、家(集落)の一残像としての墓地、生活空間をつなぐ交通体系、そして村々の生活形態を管理し保守する庄屋《しょうや》屋敷や荘官《しょうかん》の館、山城《やまじろ》。これらが互いに結び、重なり合い、規制しあった結果、今日にみる歴史的景観を形成している。これらの何一つ他と無縁に存在し得ず、かつまた、どれを欠いても荘園村落の生活はあり得なかったはずである。このように、開発史、産業史、経済史、政治史、宗教史などあらゆる歴史の変遷を継承し、包括的に累積した村落周辺景観、いいかえれば歴史的環境の総体を、地下遺構の存否にかかわらず、累積的、重層的、総合的な『遺跡』としてとらえなければ荘園は遺跡として成立し得ないであろう」と。

このような新しい遺跡概念を基に、一九八一(昭和五十六)年から大分県立宇《う》佐《さ》風土記《ふどき》の丘《おか》歴史民俗資料館(現、大分県立歴史博物館)が開館すると同時に、館の主たる調査研究事業として、豊後高田《ぶんごたかだ》市田染《たしぶ》地区を皮切りに、荘園村落遺跡調査は開始された。調査は埋蔵文化財調査と同様に記録保存として報告書を作成することを目的としたが、この調査は、荘園村落遺跡調査法という新しい調査法を確立するという大義名分《たいぎめいぶん》もあった。

また、「うさ・くにさき」をテーマにすえる資料館として、国東半島地域はサイト・ミュージアムとしての「風土記の丘」の敷地の延長上にあり、野外展示空間として意識されていた。そのため、調査と保存は表裏一体のものと認識され、しだいに単なる記録保存ではなく、調査地域を国の史跡として指定し保存する方向が模索された。

国東半島の第一次調査である田染荘地区の調査は一九八七(昭和六十二)年に記録保存としては画期的な報告書を完成させ、学会の注目をあびた。しかし、保存への見通しのある提言はいまだみいだせないまま、第二次調査の都甲荘《とごうのしょう》地区の調査が始まった。この第二次調査を担当することになったのが、この年、東京から大分県に赴任した私であった。

都甲地区の調査では、はじめて保存という項目が盛り込まれ、荘園村落遺跡の保存のあり方への検討が始まった。調査の終了する前年度である一九九一（平成三）年の十月十九日（東京シンポジウム）と十月二十九日（大分シンポジウム）の二回、「中世のムラと現代」というテーマでシンポジウムを開催し、田染荘の調査以後全国で始まった荘園村落遺跡調査の成果を集約し、この調査の学術的意義を確認し、荘園村落遺跡の保存と活用の問題について議論を行った。このシンポジウムを皮切りに調査地区の田染・都甲をかかえる地元の豊後高田市教育委員会のなかに、田染荘遺跡の保存委員会が設けられ、田染地区の荘園村落遺跡を国の史跡として指定するための活動が開始された。

しかし、生活の場であるムラ、その生きているムラを遺跡とみなす荘園村落遺跡を当時の国指定の枠のなかに組み込むことはたいへん困難な作業であった。もともと、考古学を中心に発想されてきた「史跡」という指定概念には、生きている遺跡、生き続けなければ意味を失う遺跡を取り込む考えが欠如していた。そのため、指定の網をかけたことがその地域の遺跡としての価値を損なわせる危険性を孕《はら》んでおり、また、史跡指定の内容が現状変更を厳しく規制しており、人びとの合意を取りつけるには柔軟性に欠けていた。豊後高田市に設けられた指定を検討する委員会もこのような難題と事務上の処理の遅滞とがあいまって、空転し続けた。

一九九一年に行われた東京シンポジウム(大分県立宇佐風土記の丘歴史民俗資料館主催)の内容は、九五(平成七)年にようやく東京大学出版会から石井進編『中世のムラ——景観は語りかける』として刊行された。発刊がかなり遅れた理由は、一九九三(平成五)年四月に企画・編集を担当していた私自身が資料館を退職し、別府大学へ異動したためであったが、荘園村落遺跡調査のもつ意義、その向かうべき方向について確固たる確信がもてないことも、編集を先送りした原因であったかもしれない。

大学の講義で学生に向きあったとき、この調査からわれわれはなにを語ることができるのだろうか。歴史的価値があるからといって、人びとが生活基盤としているムラを遺跡として保存することなど本当に可能であろうか。そう考えたとき、かつて「中世のムラと現代」の東京シンポジウムの際のアンケートにあ

●——国東半島の棚田(大分県豊後高田市一畑地区)

つた二つの意見がいつも頭をよぎった。

一つは、当時封切られた直後の高畑勲監督のアニメーション映画「おもひでぽろぽろ」と国東の荘園世界を重ねあわせて私たちの調査に共感をもってくれた早稲田大学の女子学生の意見である。もう一つは、荘園村落の景観保存を考えるのは都会人の傲慢《ごうまん》であり、生きている景観を冷凍保存しても意味がないという大学院生の厳しい批判であった。

「おもひでぽろぽろ」は都会育ちのタエ子と田舎育ちのトシオの出会いのなかで、田舎とは私たちにとっていかなる存在なのかを問いかける作品である。タエ子は毎年夏の前に山形の田舎を訪れ、そこで農業の手伝いをする。しかし、自分の田舎でもないのに、なぜ自分は毎年ここにやってくるのかという疑問を解けないでいる。ある年、トシオに誘われるまま蔵王《ざおう》にのぼり、その帰り美しい緑の水田風景を二人でながめる。このとき、タエ子は目の前に広がる水田風景をみて、田舎はいい、自然はいいとはしゃぐ。トシオはそんなタエ子をたしなめて、「田舎の景色ってやつは人間がつくったものなんですよ」「人間が自然とたたかったり、自然からいろんなものをもらったりして暮しているうちに、うまいことできあがった景色なんですよ」「まあ、自然と人間の共同作業っていうのかな。そんなのがたぶん田舎なんですよ」という。こんなトシオの言葉から、生まれ育ったところでもないのに、なぜかこの景色がなつかしく、自分を安心させてくれるのかという疑問が氷解する。

自然と人間が交流する世界が田舎の水田の景色である。しかし、そんな田舎の水田が今はどれほど残っているのだろうか。一九六三(昭和三十八)年から始まった圃場整備事業はタエ子とトシオのみた昔の水田風景を確実に消滅させていった。圃場整備の水田は水田区画が五〇アール、一ヘクタールと大きくなるだけではなく、水路は用排水兼用の水利システムから用排水分離の水利システムに変化して、隣接の田と田を連繫する畦越《あぜ》しの灌漑《かんがい》システムも消滅した。これはヒトとヒトを結びつけてきた水の流れを断ちきることとなり、村落共同体の存在意義は後退を余儀なくされた。

景色が変わっただけではなく、人も変わるのである。昔の景色がなつかしいなどといっても、このような流れを押しとどめることはむずかしい。なつかしいという感傷的な気持ちで伝統的村落景観を残そうとするのは、都会人の傲慢だという声が響く。そこに住む人びとのことを思えば、発展という流れに棹《さお》さすことは躊躇《ちゅうちょ》される。田舎とは私たちにとっていかなる存在なのか。自然と人間の関係はどのように考えたらよいのか。この問題の葛藤《かっとう》こそが二十一世紀に必要な学問の方向ではないかと考え始めたのである。

文化財学としての環境歴史学

文化という言葉は英語の culture を訳した造語であり、その語義はラテン語の colere すなわち「耕す」からきている。その意味で、大地と人間の格闘、すなわち開発や耕作の活動を「文化」と規定できる。したがって、文化財(cultural properties)は、このような自然と人間の対立・調和の産物である。しかし、これまで、私たちは歴史的価値のある建造物や絵や彫刻などを文化財の中心にすえ、それに優れた人間の営みとしての遺跡などを加えて理解してきた。文化財はあくまでも人間の優れた歴史の軌跡そのものであると考えたのである。私たちが使用している文化はむしろ文明に近い意味合いをもっている。英語の civilization(文明)はラテン語の civis(市民)から生まれた言葉で、都市民として

●──バリ島のスウォン村にあるマングローブセンターでマングローブ苗木を植えるインドネシアと日本（別府大学）の学生たち（二〇〇二年）　マングローブ林を伐採して日本人が造成したエビ養殖地の跡地に、国際協力事業団（ＪＩＣＡ）がマングローブセンターをつくり、マングローブ林再生事業を行っている。

の市民、都市化されたものを文明とみなし、私たちが文化遺産とする多くのものは文明の営みの結果生まれたものがほとんどである。

しかし、都市中心の文明的視点だけで文化遺産を評価する考えは、二十世紀末から再検討を迫られている。経済や技術優先の発展は、二十世紀の後半には自然への破壊をもたらし、それは、また人間社会へさまざまな危機を生み出した。地球的規模では、環境汚染問題、ＣＯ２濃度の上昇による温暖化現象などがあるが、地域的問題として日本の諫早《いさはや》湾の干拓問題、長野県における脱ダム政策への転換、アメリカにおけるダムの撤廃、エバーグレースの湿地帯の回復措置、インドネシア・フィリピンなどにおけるマングローブ林の回復事業など自然と人間の関係の見直しが進み始めている。

さきに述べたように、一九九〇年代にみられる「里山《さとやま》」「棚田《たなだ》」などの日本の原風景への憧憬《どうけい》と回帰の動きは、アニメーション映画「おもひでぽろぽろ」などにあらわれ、やがて、九〇年代末には自然環境学や生物学の視点から、ヒトと自然が共生する本来の農村の姿が「里山」という形で概念化された。同じ時期、過《か》疎《そ》化《か》と減反《げんたん》政策のなかで、圃場整備からはずされ、荒廃へ向かいつつあった山村の棚田が水田の原点として注目され、農村と都市の交流の最前線としてあらたな光をあてられるようになっていった。

環境歴史学はこのような文化財学の見直しのなかで、歴史学の立場で、自然と人間の関係を組み込んだ新しい方法を模索するところから生まれた。一九九七(平成九)年四月、別府大学に文化財学科が設立された。このとき、荘園村落遺跡調査から発展した、ヒトと自然の距離をはかる学問である環境歴史学という分野が日本ではじめて大学の講座のなかにおかれた。

なぜ、文化財学科に環境歴史学を立てる必要があったのであろうか。これまで述べてきた荘園村落遺跡は、モノの集合体としての遺跡ではなく、有機的に連動しあうトータルな環境を遺跡と考える概念であり、それまでの文化財概念の再検討を迫るものであった。別府大学に文化財学科が設立される少し前、一九九三(平成五)年、文化財保護特別委員会は、「時代に対応した文化財保護政策の改善について」という報告書を作成し、そのなかで、「景観・環境に関する文化財保護」が強調され、文化財学の振興がうたわれた。

文化財とは文化の賜物である。文化は、すでに述べてきたように、culture す

▼セ・マウル運動　一九七〇年に立ち上げた新しい村づくり運動。このスローガンは自立・勤勉・共同であった。この運動で、道路の改修、屋根の改良、倉庫の建設などが農家の共同作業で行われ、生産性向上に寄与した。

なわち「耕す」を原義とし、本来agriculture(農業)とも同義の言葉である。ゆえに、文化は本来、人間と自然の関係のなかで、泥臭い土の世界からつくりだされた言葉にもかかわらず、日本、否、言葉を生んだヨーロッパでもcivilization(文明)、都市民化されたものと混同され、それに近い意味の言葉として使用されてきた。このことが、日本における文化財保護や学問研究の方向をややゆがめてきた側面があると考えられる。環境歴史学はそのような文化財保護・研究に新しい方向を示すために登場したともいえる。

二〇〇二(平成十四)年秋、私は、短い期間ではあったが、韓国とインドネシアの景観・環境保全のあり方について調査する機会をえた。韓国では、一九七〇年代の朴正熙《パクチョンヒ》大統領時代に推進されたセ・マウル運動▲にともない、農村の伝統的景観は急激に失われていった。そのなかで、韓国政府は、景観が残された何カ所かを選定し、重要民俗資料や伝統建造物群保存地区などに指定したという。日本で、町並み保存が進められた時期に対応し、一九七〇年代の終りから八〇年代に、歴史的な城壁都市も指定されたが、農村部の両班《ヤンバン》の▲一族集落がおもに指定対象となり、韓国国内で六カ所のムラが民俗マウルとして建造物群

▼両班　高麗《こうらい》・李氏《りし》朝鮮で、文官(東班)と武官(西班)といった官僚の総称。儒教《じゅきょう》倫理の実践を重んじ、独特な生活様式と気風を生んだ。

●——韓国牙山市郊外の外岩マウルの水田と集落

●——韓国安東市郊外の河回マウルの伝統的農家建物

とその周辺環境を含めて保存された。日本的にいう伝統的建造物群の保存に基づく町並み保存の考えに類似しているが、いわゆるムラを対象にしたところが特色となっている。

韓国における民俗村の調査旅行では、牙山《アサン》市郊外の外岩《ウエアム》民俗マウルと安東《アンドン》市郊外の河回《ハフエ》民俗マウルと慶州《キョンジュ》市郊外の良洞《ヤンドン》民俗マウルを見学・調査した。両班とそれに従属する農民のムラをそのまま保存・整備し、公開している。現在、保存・公開されている民俗マウルは普通の村というより、支配者の一族村であり、風水《ふうすい》に基づき村内に屋敷や建物が配置され、一族の教育のための塾なども完備していた。多くの観光客(ほとんどが韓国国内の人びと)がこれらのマウルを訪れており、韓国の人びとの心の「ふるさと」、文化の原点というべき存在になっているという印象を受けた。最近、イギリスのエリザベス二世が河回民俗マウルを訪問した。日本でいうと、京都や奈良にも匹敵するほどの歴史的価値を付与されているようである。

インドネシアのバリ島では、近年、美しい棚田が観光資源として利用されている。すでに、一九八一(昭和五十六)年には、タバナン県において、スバック博物館という農業博物館あるいは水利組合博物館というべき施設が設立されている。スバックは水田耕作を維持するためのバリ独特の水利組合組織であり、バンジャンと呼ばれるムラの組織の下部組織として、村人の現実の生活を規制する根幹の共同体であった。スバック博物館はつくるところから食べるところまでをテーマに、館内にスバックの日々の活動と農耕や米の生産、そして生活に必要な道具を展示するとともに、書籍や視聴覚の情報を提供する施設を設けている。また、館外の施設として典型的な農家の復元家屋をつくり、その隣接地の九ヘクタールの水田を博物館の展示のなかに組み込み、灌漑用水のシステムを見学できるようになっている。

　バリ島において、一九八〇年代にこのような博物館ができた理由は明確ではないが、七〇～八〇年代はバリ島の観光振興が進む時期であり、デンパサールを中心とする都市への人口集中が、農業への危機をもたらしたことと関係があると考えられる。民俗資料をならべているという点からみると、一見、日本の民俗博物館や民俗資料館とにているが、文化財というものの保存というより、農業を振興するという強いメッセージをそこに内包して、博物館がつくられて

●──バリ島のジャティルウィッの棚田

いるように理解できる。このような博物館は日本にはほとんどみられない。

さて、韓国とインドネシアの景観・環境保全の現状と歩みを少し整理してみたわけであるが、韓国やバリ島において、伝統的村落の保全の措置がとられた時期に、日本では、もっぱら町並み保存という形で、都市部での伝統的建造物群の保存が推進されたことに気がつく。ここには、日本独特の文化・文化財に対するとらえ方が、その根底に潜んでいたと考えられる。さきにも述べたように、日本では、文化の発祥の地を農村ではなく、都市にあるととらえるのが常識であった。これは、江戸時代に、兵農分離政策によって、支配者としての武士層は都市に集住し、農村は被支配者・生産者の生活の場となった。このことは都市偏重の文化概念を生み出し、文化の原点が「耕す」ことにあるのを忘却させてしまった。

それに対して、韓国やインドネシアでは、文化の原点を村に求めるという伝統があるように思われる。韓国では、日本の武士層にあたる両班は基本的に都市ではなくムラを本拠に生活し、官僚としての両班は都市での仮住まいであった。日本人も韓国人も都市に住むのを好むが、日本人は都市に土地を購入し、一軒家に住むことを理想とするのに対して、韓国の人びとは都市の一軒家にそれほどのこだわりをもっているとは思われず、韓国の都市はどこでも高層アパートが林立しており、日本のような一戸建ての家がならぶ光景はほとんどない。このような意識の違いが、日本の農村部における伝統的景観保全の動きを遅らせたのではなかろうか。

一九八〇年代にはいり、日本では、これまで述べてきたように遺跡概念の拡大により、生きている農村景観の保護がようやく問題となってきたが、いまだ記録保存の考えの範疇をでるものではなかった。一九九〇年代にはいり、米の自由化などの動きのなかで、圃場整備はますます加速し、日本の伝統的村落景観の消滅が目の前にみえてきたとき、ようやく景観保存ということが現実味をおびてきたのである。一九九〇年代の終りには、平坦地での圃場整備はほぼ終了し、伝統的農村景観は圃場整備から取り残された、千枚田《せんまいだ》などと呼ばれる棚田などの残る山間村に限定されるような状態となっていた。

圃場整備は日本の農村の再生をめざして行われたが、農村は農業補助金▲という麻薬におかされ、また、圃場整備にともなう土木工事は利権の巣窟《そうくつ》となった。

▼**農業補助金**　農業経営の安定化のために国が国庫から支出する補助金。圃場整備や農道整備などに莫大な資金援助が行われてきた。現在、農業経営の財源を補助金で支えている現状に対して改善・合理化が行われつつある。

圃場整備は、方形の整然とした大区画水田をつりだしただけではなく、かつての用排水兼用の灌漑システムをなくし、用水と排水を完全に分離し、田ごとの連結灌漑(田越し灌漑)を排除した。これによってできあがった自己完結的な水利灌漑システムは、共同体の連結の基盤となっていた水による関係を希薄にすることとなった。

また、過剰生産をおさえるために実施されてきた休耕田《きゅうこうでん》▲は四〇%にもおよび、その補助金とあいまって生産の意欲を奪い、ムラは解体の危機に瀕した。さらに、山間部では、過疎化の進行のため、圃場整備からはずされた棚田は放棄され山に戻り、「猪鹿の立庭」というありさまになった。

しかし、一九九〇年代の後半ごろ、もはや農村が農村自身だけでは再生の道をあゆめなくなったとき、都市と農村の交流が始まった。都会では、バブルがはじけ、多くの大企業や大銀行が不良債権をかかえ、倒産の危機に瀕した。日本のそれまでの右肩上がりの経済発展が幻想であったことを、人びとは思い知らされた。都市優位という考えは、現代版の「武士」であるサラリーマンたちにもしみついていたが、そのような都市幻想は揺らぎ始めたのである。ここに、

▼**休耕田**　水田での耕作を行わない耕地をいう。戦後の米不足から一転した米あまりの現在、減反政策により多くの水田が使用されていない。

都市の人びとは、「ふるさと」としての田舎を強く意識し始めた。田舎の側も共同体の解体、高齢化の進行のなかで、大量生産と合理化への道に活路をみいだすだけではなく、目にみえる生産者、安心できる食べ物、「ふるさと」という空間の提供など都会の人びととの提携を模索し始めた。

二〇〇〇年の春、国東半島の田染地区(日本で最初に荘園村落遺跡調査が実施された場所)では、水田を含む史跡指定を予定した小崎《おさき》地区二〇ヘクタールほどを圃場整備せずに遺すという方向が確認され、あらたに始まった農水省の田園空間博物館構想という事業を投入することとなった。

それまでの田染小崎地区では、一〇年にわたって、史跡指定の努力が重ねられてきたが、生きている村落を指定する困難さから、話がゆきづまりをみせていた。地元の住民は、周辺で圃場整備が進んでいくなかで、焦燥《しょうそう》感をつのらせ、通常の圃場整備を望むようになり、景観保存を望む研究者たちが地元でシンポジウムを企画する一方、小崎の美しい水田景観は消えようとしていた。

そのとき、東京の海老澤衷氏から農水省の新規事業としての田園空間博物館構想事業の情報がもたらされた。この事業は、農水省のこれまでの圃場整備の反省の側面をもっており、生きているムラ、これからも生きていくムラの生活を保障し、景観保全も一定度可能とする内容をもっていた。

その直前、長野県の更埴市《こうしょく》(現、千曲市《ちくま》)では、「姨捨山《うばすてやま》の田毎《たごと》の月」として有名な棚田地区の景観をいかしながら整備をし、国はそこを名勝《めいしょう》として指定する措置を行った。もしかしたら、この事業では、景観を保全しつつ、その地区が農村としてこれからも生きていく最低限の整備を行い、それを国の史跡に指定していくという道があると考えたのである。

文化庁もこのころから「文化的景観」という新しい保護概念を登場させ、景観・環境保全の方向を明確にした。「文化的景観」とは、われわれの身の回りの自然、とりわけ田や畑などの農耕地、里山、漁場などの川や海は、その土地に住む人びとがみずからの生活や生業のあり方を土地にきざみつけることによって、長い時間がたつにつれて形づくられた「原風景《げん》」というべきものをさす概念である。この概念は、現在進められている文化財保護法▲の新改訂の柱の一つともなっている。まさに、環境歴史学の登場は、このような社会状況に対応した学問の新領域の形成と位置づけられる。

●──姨捨山の棚田(長野県千曲市)

▼**文化財保護法**　文化財を保存し、その活用をはかって国民の文化的向上に資する目的の法律。一九五〇(昭和二十五)年制定。

環境歴史学の原点

国東《くにさき》半島の中央に近い田染小崎《たしぶおさき》地区では、六月の初めに御田植《おたうえ》祭、十月の初めに収穫祭が行われる。私は、一九九九(平成十一)年から毎年、大学の学生をつれて、この小崎地区の行事に参加し続けている。

春の御田植祭は宇佐《うさ》神宮の神官のおごそかな神事に始まり、その神事終了後、二反ほどの水田で集まった人びとともに手植えの田植えを行う。ほとんどの学生が裸足で水田にはいるのははじめてである。事前の講義で裸足で泥田にはいるというと尻込みする学生も多いが、実際にはいってみると、ほとんどの学生は満面の笑みを浮かべて泥の感触を堪能する。

学生の感想文より

《「緑色の風景」の正体》

田染荘に到着しバスをおりたとき、先生のいいたかったこと、「おもひでぽろぽろ」に対する疑問、すべてがわかった気がした。

目に飛び込んでくるのは、見渡すかぎり延々と広がる棚田《たなだ》。水が張られ、田植えが終了した田んぼには、水面に真っ青な空が映り、イゼからは、水が静かに流れ、稲が風になびいている。代掻《しろか》きされた豊かな田のなかには、カエルやオタマジャクシ・アメンボなど、多くの生命が育まれている。村と森の境には神社がひっそりとまつられ、そのすぐ脇から、森からの湧水が流れており、神社は水源とみなされ、村の水神として存在する。

田染荘で目に映ったすべてのものは、私が「自然」だと思っていた「緑色の風景」そのものだったのである。私のなかの「緑色」とは、田に植えられた稲であり、棚田を区切る畦《あぜ》道であったり、村を囲む里山《さとやま》の色のイメージであった。逆に考えると、神社の背後に存在する静かな鎮守《ちんじゅ》の森のイメージの色は、緑ではない。深い青や黒であろう。

●—国東半島，田染小崎地区での田植え風景　大地の感触を素足に感じる学生たち。

●—国東半島，田染小崎地区での稲刈り風景　学生たちは，大地のめぐみ，稲を刈り取り，文化の原点を体感する。

《「田舎」とは》

田染の風景は、「これが『田舎』なのだ」ということを体で感じることができるものであった。「『田舎』の風景は、人間が自然とたたかって、手を加えてできたものなんだよ。だから、なつかしい感じがするんだよ、ホッとするんだよ……」。何度も講義や講演のなかで先生がいっていた言葉に、心から納得することができた。

《御田植祭》

早乙女《さおとめ》となり、田んぼにはじめて足をいれたときの感触が今も忘れられない。泥には温度があり、上層部は暖かく、下層部は冷たい。上下層とも泥はやわらかく、指のあいだからニューッとでてくる泥の感触が気持ちよかった。

田植えの際は、田植え歌にあわせて行う。初めに田の中心に二列で向かいあってならび、向かいあった状態でうしろにさがりながら植えていく。その際、まっすぐ植えられるように田んぼの両端からかけられた紐《ひも》にある印の場所に二〜三本ずつ植えていく。

田植え自体は三〇分程度で終ってしまった。本当に楽しくて、面白くて、あっという間に終ってしまい、なにか物たりない気がした。

《おわりに》

「なんて濃い二日間だったんだろう」というのが、一番の感想である。田植えの経験、早乙女の衣装、聞取り調査、山登り、みたこともない量の蛍《ほたる》……はじめてのことばかりで、本当に疲れたし、たいへんだったけど、本当に充実した楽しい実習だった。先生が田染荘に「ハマる」わけもよくわかった。必ずまた、訪れようと思った。

（玉川〈旧姓早田〉紘子記）

私が、なぜ、大学の「環境歴史学民俗学実習」という授業で田植えや稲刈りを行っているのかというと、それは、端的にいうと、大地への営みを、環境歴史学、そして文化財学の原点においているからである。文化や文化財を学ぶ者は、まずそれを育む大地や自然へ目を向け、そこから出発して歴史学・文化財学を学んでいかなければならない。

ある学生が別府大学文化財学科が発足した年（一九九七年）の入学オリエンテーションで突然手をあげて、「僕には文化財学という言葉はわかりません。

名前を変えたらどうですか」という唐突な質問をした。なんと馬鹿な質問をする学生かと一瞬思ったが、その率直な質問は、文化財学、私のいう環境歴史学とはなにかという根本への問いかけであると直感した。私はあわててマイクをとってその学生に向かって、「それはこれから君たちが学んでいくことであり、私たちもそれをいつも問い続けていく。卒業するとき、もう一度その質問をし、四年間でなにを学べたのか答えてほしい」といったように思う。

そこで、私はこの学生の質問とどれだけ真摯《しんし》に向きあえるのかが、この学科、ひいては自分の提唱した環境歴史学の勝負であると考えた。それから毎年、講義を重ねるだけではなく、彼の問いに答えられるように、「文化財学の時代」「ヒトと環境と文化遺産」などさまざまなシンポジウムを企画し、その答えを求め続けた。しかし、それはどの学問とも同じように、そこにすぐに答えがあるものではなく、問い続けることに意味があるのである。

悲しいことに、この学生は、卒業することはなかった。三年の春、鉄道事故で帰らぬ人になってしまったのである。その日もなくなる直前まで、私と文化財のことを熱く語ってバイクでアルバイトにでていった。まさか彼が死ぬとは考えもしなかった。私は二〇〇一（平成十三）年の三月、学科長としてこの学生の遺影に特別の卒業証書を送った。生きている彼に卒業式の日に聞きたかった。「あなたは文化財学、環境歴史学をどのような学問だと思いましたか」と。田染の田植えに行った女子学生のように、せめて「先生、なぜ田染にはまっているのかわかったよ」といってほしかったのである。

同じ三月、私には生涯忘れえぬもう一つの出来事があった。それは「聖嶽洞《ひじりだきどう》穴《けつ》遺跡」の調査に関する『週刊文春』の誹謗記事に抗議して別府大学名誉教授賀川光夫氏がみずから命をたったことである。それから一年はマスコミに振り回され、学内は騒然とした。その嵐のなかで、改めて学問とはなにかを考えさせられた。賀川先生は「森の研究者」というべき人で、別府大学の森、そして縄文《じょうもん》の照葉樹林《しょうようじゅりん》の森を愛する研究者であった。環境歴史学は森と水の学問でもある。私の学問のもう一つの原点は森と水を愛し、学問と学生を愛したこの老先生との出会いにあった。

今年の春二月二十三日、福岡高等裁判所で遺族が起こした名誉回復の訴訟の判決がだされ、七月十五日には最高裁判所の判決がくだされ、完全な勝訴となった。この事件をとおして、私は学問の危機を感じた。あやまった「表現の自由」が「学問の自由」をおびやかしたのである。学問は時間をかけて、真実を求めていく。そこには試行錯誤がある。かつての定説が新説によってつねにくつがえされ、新しい事実がみえてくる。権威が述べたから定説となるわけでなく、どんな少数であっても他の見解があれば、それを無視することはできない。学問に真実はあるが、真実には容易に到達できないのである。

結論を急ぐあまり、マスコミと同じく、学問の慎重な検討を無視する学者と称する人びとがふえている。学問の原点は、問い続けることである。これをなくしては学問の死を意味する。環境歴史学は、大袈裟《おおげさ》にいうと、ギルガメシュの悔恨を受けとめ、人類の未来を考える学問である。人が生存を許されるなら、つねに大地の声、森の声、海の声に耳を傾け、みずからのあやまちをつねに問い続けることをとめてはならない。

追記——あれから一〇年

本書出版の翌年二〇〇五(平成十七)年に文化財保護法《ぶんかざいほごほう》が改正され、「文化的景観」という文化財概念が盛り込まれた。我が国の国民の基盤的な生活または生業《せいぎょう》を理解するうえで欠《か》くべからざる伝統的な景観を文化財として保護しようという趣旨《しゅし》で創設された新たな概念である。「文化的景観」は、一九九二(平成四)年に世界遺産のなかにはじめて登場した。「自然環境と人間の共同作品」と規定され、自然遺産と文化遺産の中間に位置する新しい世界遺産概念となった。

この前年、国東《くにさき》半島で「荘園《しょうえん》村落遺跡調査」を続けていた大分県立宇佐風土記《うさふどき》の丘《おか》歴史民俗資料館(現、大分県立歴史博物館)が「中世のムラと現代」というシンポジウムを開いた。このシンポジウムに参加した学生から、田染《たしぶ》地区(大分県豊後高田市)をはじめとする荘園の故地《こち》の世界が、その年に封切られた「おもひでぽろぽろ」というジブリの作品(高畑勲《たかはたいさお》監督・宮崎駿《はやお》プロデュース)の世界に登場した山形の「田舎」の風景と重なるという感想や、田舎の景観を残そうなどというのは都会人の傲慢《ごうまん》であるという意見がだされた。これを契機《けいき》に私も自然と人間の関係を意識した景観論研究へと舵《かじ》を切ったように思える。

このころから、生態《せいたい》学の方面から自然と人間が共生《きょうせい》する「里山《さとやま》」という世界への評価がだされてきた。一九九〇年代は、自然と人間の関係を問い直す学問が各分野で胎動《たいどう》しはじめ、「環境史」「環境歴史学」も出現した時期であった。別府大学では、一九九七(平成七)年に文化財学科を創設し、その根幹に自然と人間の関係史である「環境歴史学」をおいた。この際、モノの文化財という概念を脱して、文化財の保護のなかに、明確に生活・生業にかかわる遺跡・景観を位置づけることにした。その研究領域として、環境歴史学という講座を設け、田染小崎《おさき》地区での御田植《おたうえ》祭と収穫祭に実習として学生を参加させた。

その後、文化財保護法が改正され、ようやく文化的景観が法的にも新しい文化財概念として登場することになったが、田染小崎地区では、田園空間博物館構想事業を投入していることもあり、文化的景観への調査が開始されるのは、二〇〇八年まで遅れることになる。二〇〇八（平成二十）年に始まった田染小崎地区の重要文化的景観の調査では、荘園村落遺跡調査をベースに、生活・生業を意識した調査を改めて行い、その生業、すなわち、ここでは水に注目し農業が生み出す景観の構造を明らかにした。また農業が自然との関係でつくりだした水田や溜池《ためいけ》や水路、鎮守《ちんじゅ》の森、林などの構造が生態的環境にどのような影響をあたえたかを調査することになった。

これまで、歴史の調査と自然の生態系の調査が連動しながら行われることはほとんどなかった。これは、環境をめぐっての新しい学問の交流、再編、統合化の動きとなり、それぞれの研究領域に刺激をあたえる動きがみえてきた。注目すべきものとしては、「日本列島における人間―自然相互関係の歴史的・文化的検討」（二〇〇六〜一一）という総合地球環境学研究所のプロジェクト研究がある。一〇〇人以上の諸分野▲の研究者が集められ、私も九州班の責任者として参加した。これは、領域を超えた学際的議論を踏まえ、環境史の新たな地平をめざす試みとなると同時に、これまでの学問的常識をくつがえす提言となった▲。

▼プロジェクト研究の諸分野　生態学・経済学・歴史学・民俗学・文化人類学・土壌《どじょう》学・考古学など。

▼プロジェクト研究の成果　この成果は、湯本貴和編『シリーズ日本列島の三万五千年――人と自然の環境史』（全五巻、文一総合出版、二〇一一年）としてだされた。

この研究の終了の前年、二〇一〇(平成二十二)年に名古屋で開かれた生物多《せいぶつた》様性《ようせい》条約第一〇回締約国会議を契機に、「トキの共生する佐渡の里山」と「能登の里山里海」が、先進国ではじめて「世界農業遺産」(GIAHS)に認定された。「世界農業遺産」とは、「持続可能な開発」という課題への一つの解答として、二〇〇二(平成十四)年にFAO(国連食糧農業機関)が次世代に継承すべき伝統的な農法や文化習俗・生物多様性の保全《ほぜん》を目的に制定したものである。この制度は、世界遺産とは異なり、持続可能な農業のシステムの価値を評価する。

二〇一三(平成二十五)年五月末には、石川県七尾《ななお》市で開かれた世界農業遺産国際会議では、「国東・宇佐」「阿蘇《あそ》」「掛川《かけがわ》」の三カ所が「世界農業遺産」に加えられた。これによって、日本は先進工業国であると同時に、世界屈指《くっし》の伝統的農業システムをもち、生物多様性にも恵まれた希有《けう》な国という評価を受けた。日本人は、二〇一一(平成二十三)年三月の東日本大震災以来、あいつぐ自然災害の前に、人間の力の無力さを強く感じている。その一方、この国の自然の懐《ふところ》の深さを自覚する。私は、この一〇年で、さらに人間と自然との関係を問い直す「環境歴史学」の意義をかみしめている。

松井吉昭「陸奥国骨寺村絵図 ── 聖地を描く絵図」『荘園絵図研究の視座』東京堂出版, 2000年
吉田敏弘「骨寺村絵図の地域像」『絵図のコスモロジー　下巻』地人書房, 1989年

③─文化財学としての環境歴史学

石井進監修・坂井秀弥・本中眞編『日本の原風景』新人物往来社, 2000年
上田正昭・上田篤編『鎮守の森は甦る　社叢学事始』思文閣出版, 2001年
海老澤衷編『東アジアにおける水田形成および水稲文化の研究(日本を中心として)』2003年
後藤宗俊「文化遺産の継承と『文化財学』」『ヒトと環境と文化遺産 ── 21世紀に何を伝えるか』山川出版社, 2000年
日本村落研究学会編『年報村落社会史研究32　川・池・湖・海　自然の再生　21世紀への視点』農山漁村文化協会, 1996年
春山成子編著『棚田の自然景観と文化的景観』農林統計協会, 2004年

●──写真所蔵・提供者一覧(敬称略, 五十音順)

朝日新聞社　　p. 3
和泉市久保惣記念美術館　　p. 41
出雲大社　　p. 57, 63, 64下
大井啓嗣　　p. 72
大石忠昭　　p. 81
大分県立歴史博物館　　p. 70
緒方町立歴史民俗資料館　　カバー裏, p. 56上・中
乙女敏子　　カバー表
北島英孝　　p. 64上
京都大学文学研究科図書館　　p. 48
国東町歴史体験学習館　　p. 22
国土地理院　　p. 56下
島根県古代文化センター　　p. 58, 63, 64上・下
大社町教育委員会　　p. 57
高陽一　　p. 71
中尊寺　　p. 30

東京学芸大学日本中世史研究会編『和泉国日根荘現地調査報告』1986年,『若狭国太良荘現地調査報告』1989年,『紀伊国荒川荘現地調査報告Ⅰ・Ⅱ』1991・93年
中村賢二郎編『環境歴史学の視点にたつ都市及び農村の開発史的研究――大分県日田盆地における開発史的総合研究』別府大学, 2001年
兵庫県小野市教育委員会編『播磨国大部荘現況調査報告書Ⅰ～Ⅵ』1991～96年
兵庫県太子町教育委員会編『播磨国鵤荘現況調査報告書Ⅰ～Ⅵ』1988～94年
兵庫県西紀・丹南教育委員会編『丹波国大山荘現況調査報告Ⅰ～Ⅴ』1985～89年
星野村教育委員会編『星野村の棚田』2004年
水島稔夫編『綾羅木川下流域の地域開発史』下関市教育委員会, 1990年
和歌山県教育委員会編『紀伊国隅田荘現況報告』2000年
和歌山中世荘園調査会編『紀伊国天野郷現地調査報告』1999年,『中世探訪紀伊国南部荘と高田土居――検注を拒否した人々』2000年,『中世再現1240年の荘園景観――南部荘に生きた人々』2002年

②―環境歴史学による新しい歴史像

飯沼賢司「神と英雄伝説からさぐる古代の緒方」『緒方町誌　総論編』緒方町, 2001年
石塚尊俊『出雲市民文庫１　大梶七兵衛と高瀬川』出雲市教育委員会, 1987年
大石直正「12世紀における北奥の水田開発」『奥州藤原氏の時代』吉川弘文館, 2001年
河音能平『中世封建社会の首都と農村』東京大学出版会, 1984年
国東町教育委員会編『原遺跡七郎丸１地区・口寺田遺跡』1999年
関和彦『新・古代出雲史　「出雲国風土記」の再考』藤原書店, 2001年
千家尊統『出雲大社』学生社, 1968年
瀧音能之『古代の出雲的世界』白鳥舎, 1998年
瀧音能之『古代の出雲事典』新人物往来社, 2001年
福山敏男監修・大林組プロジェクトチーム編著『古代出雲大社の復元』学生社, 1989年
松井吉昭「陸奥国骨寺村絵図」『絵引荘園絵図』東京堂出版, 1991年

田村憲美『日本中世村落形成史の研究』校倉書房, 1994年
田村憲美『在地論の射程』校倉書房, 2001年
長野県教育委員会編『地下に発見された更埴市条里遺跡の研究』1968年
西谷地晴美・飯沼賢司「中世的土地所有の形成と環境」渡辺尚志・五味文彦編『新体系日本史 3　土地所有史』山川出版社, 2002年
西谷地晴美「中世前期の温暖化と慢性的農業危機」『民衆史研究』55号, 1998年
服部英雄『景観にさぐる中世 ── 変貌する村の姿と荘園史研究』新人物往来社, 1995年
原田信男『中世村落の景観と生活』思文閣出版, 1999年
春田直紀「自然と人の関係史」『国立歴史民俗博物館研究報告』第97集, 2002年
平川南編「日本歴史における災害と開発Ⅰ・Ⅱ」『国立歴史民俗博物館研究報告』第96・118集, 2002・04年
水野章二『日本中世の村落と荘園制』校倉書房, 2000年
峰岸純夫『中世災害・戦乱の社会史』吉川弘文館, 2001年
義江彰夫『歴史学の視座 ── 社会史・比較史・対自然関係史』校倉書房, 2002年

水田・荘園村落遺跡に関する主たる報告書

一関市教育委員会編『岩手県一関市埋蔵文化財調査報告書 1 〜 4 集　骨寺村荘園遺跡確認調査報告書』1999〜2002年,『骨寺村荘園遺跡』2004年
海老澤衷編『紀伊国鞆淵荘地域総合調査　本編・資料編』1999年
大分県教育委員会編『香々地の遺跡Ⅰ・Ⅱ』1994・95年,『豊後国田原別府の調査Ⅰ・Ⅱ』1994・95年
大分県立宇佐風土記の丘歴史民俗資料館編『豊後国田染荘の調査』1986・87年,『豊後国都甲荘の調査』1992・93年,『豊後国香々地荘の調査』1997・98年 ,『豊後国安岐郷の調査』2002・03年
大阪府埋蔵文化財協会編『日根荘総合調査報告書』1994年
滋賀県立琵琶湖博物館編「琵琶湖集水域における中世村落確立過程の研究」『琵琶湖博物館研究調査報告』21号, 2004年
田中稔編「共同研究『中世荘園の現地調査 ── 太田荘の石造遺物』」『国立歴史民俗博物館研究報告』第 9 集, 1986年
田中稔編「共同研究『中世荘園遺構の調査ならびに記録保存法 ── 備後国太田荘』」『国立歴史民俗博物館研究報告』第28集, 1990年

●—参考文献

環境の世紀

伊藤俊太郎『文明と自然』刀水書房, 2002年

梅原猛・伊藤俊太郎・安田喜憲編『講座　文明と環境』朝倉書店, 1996年

橋本政良編著『環境歴史学の視座』岩田書院, 2002年

矢島文夫訳『ギルガメシュ叙事詩』筑摩書房, 1997年

①—新しい歴史学としての環境歴史学(全体にかかわるもの)

網野善彦・後藤宗俊・飯沼賢司編『ヒトと環境と文化遺産—21世紀に何を伝えるか』山川出版社, 2000年

飯沼賢司「荘園村落遺跡調査と開発史—国東半島の『山』と『里』の開発」五味文彦編『土地と在地の世界をさぐる』山川出版社, 1995年

飯沼賢司「環境歴史学序説—荘園開発と自然環境」『民衆史研究』61号, 2001年

石井進編『中世のムラ—景観は語りかける』東京大学出版会, 1995年

磯貝富士男『中世の農業と気候—水田二毛作の展開』吉川弘文館, 2002年

海老澤衷『荘園公領制と中世村落』校倉書房, 2000年

小穴喜一『土と水から歴史を探る』信毎書籍出版センター, 1987年

大山喬平編『中世荘園の世界』思文閣出版, 1996年

木村茂光『日本古代・中世畠作史の研究』校倉書房, 1992年

黒田日出男『日本中世開発史の研究』校倉書房, 1984年

小山靖憲『中世村落と荘園絵図』東京大学出版会, 1987年

鈴木哲雄『中世日本の開発と百姓』岩田書院, 2001年

高木徳郎「中世における山林資源と地域環境—近江国葛川と周辺荘園の相論を中心に」『歴史学研究』739号, 2000年

高木徳郎企画「特集　きのくに荘園調査の現段階」『和歌山地方史研究』44, 2002年

高木徳郎「中世における環境管理と惣村の成立」『歴史学研究』781号, 2003年

高橋学「古代末期における地形環境と土地開発」『日本史研究』380号, 1994年

高橋学『平野の環境考古学』古今書院, 2003年

日本史リブレット23

環境《かんきょう》歴史学《れきしがく》とはなにか

2004年9月25日　1版1刷　発行
2022年5月31日　2版3刷　発行

著者：飯沼賢司《いいぬまけんじ》

発行者：野澤武史

発行所：株式会社 山川出版社

〒101－0047　東京都千代田区内神田1－13－13
電話　03(3293)8131(営業)
03(3293)8135(編集)
https://www.yamakawa.co.jp/
振替　00120-9-43993

印刷所：明和印刷株式会社

製本所：株式会社 ブロケード

装幀：菊地信義

Printed in Japan ISBN 978-4-634-54230-3

日本史リブレット　第Ⅰ期［68巻］・第Ⅱ期［33巻］　全101巻

1 旧石器時代の社会と文化
2 縄文の豊かさと限界
3 弥生の村
4 古墳とその時代
5 大王と地方豪族
6 藤原京の形成
7 古代都市平城京の世界
8 古代の地方官衙と社会
9 漢字文化の成り立ちと展開
10 平安京の暮らしと行政
11 蝦夷の地と古代国家
12 受領と地方社会
13 出雲国風土記と古代遺跡
14 東アジア世界と古代の日本
15 地下から出土した文字
16 古代・中世の女性と仏教
17 古代寺院の成立と展開
18 都市平泉の遺産
19 中世に国家はあったか
20 中世の家と性
21 武家の古都、鎌倉
22 中世の天皇観
23 環境歴史学とはなにか
24 武士と荘園支配
25 中世のみちと都市
26 戦国時代、村と町のかたち
27 破産者たちの中世
28 境界をまたぐ人びと
29 石造物が語る中世職能集団
30 中世の日記の世界
31 板碑と石塔の祈り
32 中世の神と仏
33 中世社会と現代
34 秀吉の朝鮮侵略
35 町屋と町並み
36 江戸幕府と朝廷
37 キリシタン禁制と民衆の宗教
38 慶安の触書は出されたか
39 近世村人のライフサイクル
40 都市大坂と非人
41 対馬からみた日朝関係
42 琉球の王権とグスク
43 琉球と日本・中国
44 描かれた近世都市
45 武家奉公人と労働社会
46 天文方と陰陽道
47 海の道、川の道
48 近世の三大改革
49 八州廻りと博徒
50 アイヌ民族の軌跡
51 錦絵を読む
52 草山の語る近世
53 21世紀の「江戸」
54 近代歌謡の軌跡
55 日本近代漫画の誕生
56 海を渡った日本人
57 近代日本とアイヌ社会
58 スポーツと政治
59 近代化の旗手、鉄道
60 情報化と国家・企業
61 民衆宗教と国家神道
62 日本社会保険の成立
63 歴史としての環境問題
64 近代日本の海外学術調査
65 戦争と知識人
66 現代日本と沖縄
67 新安保体制下の日米関係
68 戦後補償から考える日本とアジア
69 遺跡からみた古代の駅家
70 古代の日本と加耶
71 飛鳥の宮と寺
72 古代東国の石碑
73 律令制とはなにか
74 正倉院宝物の世界
75 日宋貿易と「硫黄の道」
76 荘園絵図が語る古代・中世
77 対馬と海峡の中世史
78 中世の書物と学問
79 史料としての猫絵
80 寺社と芸能の中世
81 一揆の世界と法
82 戦国時代の天皇
83 日本史のなかの戦国時代
84 兵と農の分離
85 江戸時代のお触れ
86 江戸時代の神社
87 大名屋敷と江戸遺跡
88 近世商人と市場
89 近世鉱山をささえた人びと
90 「資源繁殖の時代」と日本の漁業
91 江戸の浄瑠璃文化
92 江戸時代の老いと看取り
93 近世の淀川治水
94 日本民俗学の開拓者たち
95 軍用地と都市・民衆
96 感染症の近代史
97 陵墓と文化財の近代
98 徳富蘇峰と大日本言論報国会
99 労働力動員と強制連行
100 科学技術政策
101 占領・復興期の日米関係